新装
復刊

パリティブックス　パリティ編集委員会 編（大槻義彦責任編集）

いまさら
電磁気学？

青野 修 著

丸善出版

本書は，1993年に発行したものを，新装復刊したものです．

目　次

1 ● 原子の中から宇宙の果てまで―― 1

いまさら、電磁気学の講座を始めるにあたって／電気／摩擦電気／遠隔作用／電荷／クーロンの法則／電場／逆n乗の法則／万有引力の法則／球殻の万有引力／占星術／素電荷

2 ● 力を目で見る―― 13

電場／電気力線／流線／蛇口／ガウスの法則／光線／万有引力の力線／重力加速度／電場の応力／静水圧／浮力／水中の豆腐はなぜ崩れにくいか

3 ● 原子のおもちゃ 27
原子の構成要素／アーンショウの定理／静止模型／土星模型／原子模型／アルファ線の散乱／散乱断面積／ボーアの原子模型／気体分子運動論／微分断面積／立体角の単位

4 ● 心が石になった 41
慈しむ石／陶磁器／磁石の指極性／指南車／羅針盤／地図／磁石／磁場／磁気双極子／電流が磁場をつくる／電子独楽／電流が磁場から受ける力／ローレンツ力／パラドックス

5 ● 磁石から電流を取り出す 55
回転円板／電磁誘導の発見／磁石の強さを変える／磁石を動かす／磁場中で金属が動く／電磁誘導の法則／単極誘導／磁力線の運動／磁力線の速度／直線電流のまわりの磁場／動く棒は縮む／磁力線の回転

6 ● 磁石を電流でつくる　69
電流素片／アンペールの法則／閉電流／ビオ＝サバールの法則／半直線／電気量保存の法則／磁場に関するガウスの法則／電束電流／「磁電誘導」の法則／点電流／マクスウェル方程式

7 ● 電気は回る　81
電磁現象／電気回路／オームの法則／レジスター／ジュールの法則／豆電球／直列と並列／キャパシター／直列キャパシター／インダクター／キルヒホフの法則／デルタ・スター変換／交流回路／血糖値／図形と数式

8 ● 電気の波と磁気の波　97
電磁波／エーテル／ガリレイ変換／特殊相対性原理／光／色／目／三原色／色覚異常／カラーテレビ／光は波か／光電効果／光化学反応／コンプトン効果／空洞放射

9 ● 光子工場——111
電磁波の発生／綱引き／ローレンツ力の反作用／誤答例／正解／荷電粒子の振動／振動双極子／双極放射／サイクロトロン放射／プラズマ中のサイクロトロン放射／シンクロトロン放射／光子工場／SPring—8

10 ● こすり取られる光——127
振り飛ばされる光／制動放射／夢のエネルギー／核融合／磁場閉じ込め／プラズマ振動／デバイ遮蔽／電離層／衝撃波／チェレンコフ放射

11 ● 磁力線も凍る——139
導体中の電場／太陽の黒点／電導性流体中の磁力線／動く導体中の電場／太陽風／地磁気／地球内部／地磁気の成因／円板ダイナモ／流体ダイナモ／プレートテクトニクス

● 12 ●

因果は巡る——153

光線／反射の法則／平面鏡／屈折の法則／フェルマの原理／楕円面鏡／放物面鏡／太陽炉／球面鏡／屈折率／プリズム／因果律／レンズ

登場人物のプロフィール——173

あとがき——181

イラストレーション：さんご

1　原子の中から宇宙の果てまで

いまさら、電磁気学の講座を始めるにあたって

大学で、電磁気学の講義を担当すると、大学院の学生が来なくなるそうである。電磁気学のような古臭い分野を専門にしているような先生は、師と仰ぐに足らずと、軽蔑されるのであろうか。事程左様に、電磁気学は完成された古い分野であって、そんなものを深く学んでも胸躍る新しい発見などありえないと思われているようである。だからといって電磁気学を身につけていなければ、物理学の道を歩むことはできない。そこで、大学の先生方は回り持ちで講義を担当し、軽蔑の眼差しが固定化するのを避ける工夫をしているとのことである。

▲図１　雨雲の中を昇っていく竜

確かに、電磁気学は力学とともに古典物理学とよばれ、完成された分野である。したがって、完成された美しさを鑑賞するのも講座の一つの在り方であろう。しかし、ここでは、体系的な講義はせず、むしろ断片的に、新しい発展の基礎となった事柄、あるいは、現在発展しつつある分野で電磁気学がいかに重要な役割を担っているかというような事柄に重点を置きたい。そして、電磁気学が時間をかけて学ぶに値するおもしろい分野らしいということを感じとってもらえるようにしたい。

電気

自然現象の大部分には電気が関係している。「電」という文字の本来の意味は稲光である。昔の人は雷光を見て、雨雲の中に竜が昇っていくありさまを想像していたものと思われる。「気」の文字は、目には見えないが存在が感じられる何らかの作用を意味する。つまり、電気とは、雷のような得体の知れないものが発する雰囲気のようなものを意味しているのであろう。今では電気の正体は突き止められており、電気が示す現象のすべてが、マクスウェル方程式とよばれるわずかひと組の方程式で説明できる。しかも、それまで誰も知らなかった未知の現象の存在まで予言できるのであるから驚きである。おかげで、電気を利用する機器は、至るところに満ちあふれ、次から次に新しい製品がつくり出されている。

英語では、電気のことをelectricityという。これはelectricという形容詞の名詞形である。この形容詞はイギリスの女王エリザベス一世の侍医ギルバートが一六〇〇年ごろ使っている。ギリシャ語のἤλεκτρου（エレクトロン、琥珀、こはく）にちなんで命名したという。したがって、英語では電気現象を琥珀現象と称していることになる。

琥珀が糸屑などを引き付けることは紀元前から知られていた。ギリシャのタレスは、この現象を「琥珀に宿る霊魂による」と説明した。驚くべきことに、この霊魂説は、一六世紀になって科学や芸術が中世の眠りから目覚め始めるまで、ヨーロッパの人々に受け入れられていたのである。

摩擦電気

琥珀を毛皮でこすると電子が毛皮から琥珀に移り、ガラスを絹でこすると電子はガラスから絹に移る。おもしろいことに、なぜそうなるのか、いまだにわかっていない。これは、絹や毛のような

▲図 2　兎の毛皮と猫の毛皮をこすり合わせると，電子は兎の毛皮から猫の毛皮へ移る．

固体の複雑な表面についての物理学の問題である。物理学のこの分野は、確信を持って何事かを予言できる段階にまで到達していないのである。

摩擦による帯電現象は、科学的に研究された電気現象の中では最初のものであった。しかし、複雑すぎて、現象の根底に横たわる基本原理がわかるような問題ではなかった。そのため、一八世紀の終わり頃には、物理学者の興味はほかの電気現象へと移っていったのである。

遠隔作用

電気力に関する科学的な研究はギルバートに始まる。彼は「摩擦された物体から何らかの微粒子が放出されて、それが元の物体に戻るとき途中にある物体をいっしょに引き寄せる」と考えた。この考え方は、その後一八世紀の半ば頃まで広く受け入れられていた。

一般に、物体に作用する力には「それに接している物から及ぼされる」近接作用と「万有引力のように、距離を隔てて直接及ぼされる」遠隔作用の二通りの場合がある。ギルバートの微粒子説は、電気力を近接作用だと考えたことになる。

やがて微粒子説は見捨てられ、電気力は遠隔作用だと考えられるようになる。そうすると、電気力が距離とともにどのように変化するかということが問題になる。この問題に最初に答えたのは、スイスのベルヌーイである。彼は一七六〇年に、電気力が距離の二乗に逆比例することを実験的に見いだしている。その後、クーロンは、電気力に関するさまざまな説に一応の締めくくりをつけた。

電荷

電気現象を起こす原因となる実体を電荷といい、電荷の量を電気量あるいは単に電荷という。電荷は電子や陽子などの素粒子が持っている。電荷には二種類あって、同種の電荷は反発し合い、異種の電荷は互いに引き合う。陽子の持っている電荷の電気量を正として、電子の電気量を負とすれば、電気量の代数和は保存される。この意味では、電荷は一種類であり、二種類だと考える必要はない。

電子は、一八九七年J・J・トムソンによって発見された。しかし、彼はその粒子に特別の名前を付けなかった。それより何年も前から、アイルランドのストーニーは、原子がイオンになるとき得たり失ったりする電気量の単位を「エレクトロン」とよぶことを提唱していていた。一八九七年のトムソンの実験から十年ほどたつと、基本粒子が実在するという考え方は広く受け入れられるようになり、世界中の物理学者がトムソンの発見した粒子をエレクトロンとよぶようになった。

正電荷を持つ粒子が存在することは一九世紀の終わり頃には知られていた。正電荷を持つ粒子の一つである水素イオンの質量は、やはりJ・J・トムソンによって一九〇六年に初めて測定された。後にラザフォードは原子の正の電荷が小さな原子核に集中していることを示した。また、原子核が原子の質量のほとんどを含んでいることや、水素イオンが水素の原子核であることもわかってきた。したがって、一般の原子核は水素の原子核からできているのではなかろうかと考え、水素の原子核に対して一九二〇年にラザフォードは「プロトン」という名を付けた。

〈コラム　1〉

クーロンの法則

$$f=\frac{q_1 q_2}{4\pi\epsilon_0 r^2}$$

f：帯電体が及ぼし合う力

q_1：一方の帯電体の電気量

q_2：もう一方の帯電体の電気量

r：帯電体間の間隔

π：円周率

ϵ_0：真空の誘電率とよばれる定数，値は次式で定義されており，測定値ではない

$$(4\pi\epsilon_0)^{-1}=(299\,792\,458)^2\times 10^{-7}\,\mathrm{Nm^2C^{-2}}$$

N：力の単位(ニュートン)

C：電気量の単位(クーロン)

m：長さの単位(メートル)

クーロンの法則

電荷を持っている物体は、電気を帯びている物体という意味で、帯電体とよばれる。二つの帯電体が及ぼし合う力は、それらが持っている電気量の積に比例し、それらの距離の二乗に反比例する。この事実は、一七八五年にクーロンによって確かめられたので、「クーロンの法則」と名付けられ、静止した帯電体が及ぼし合う力はクーロン力とよばれている。クーロンに先立ち、キャベン

ディッシュは一七七三年に、巧妙な方法で逆二乗の法則が成立することを示す実験結果を得ていた。それはおよそ百年後に、遺稿の中からマクスウェルによって発見された。

水素原子の性質は、電子が陽子から引かれる力がクーロン力だとして、きわめて精密に説明される。したがって、クーロン力は原子の中のような小さな距離の領域でも成り立っていることがわかる。距離rの大きい方は、実験的に確かめることは困難であるが、天文学的距離まで成り立っていると考えられている。少なくとも、そう考えて困るような現象は見つかっていない。

電場

クーロンの法則は、二つの帯電体が距離rを隔てて力を直接及ぼし合っていることを示しているように見える。しかし、現在は一方の帯電体がまわりの空間を変化させ、その変化した空間に置かれたもう一つの帯電体が、力を受けると解釈されている。この変化した空間を電場という。電気力は、電場と帯電体との近接作用だと考えるのである。

〈コラム 2〉

実験では

$n=2$

を証明することはできない。だが

$n\neq 2$

を否定することはできる。

逆n乗の法則

クーロンの逆二乗の法則の二という値は、実験的には、どの程度の精度で確かめられているのであろうか。それを説明するために、仮に、二つの電荷間の力がr^2にではなくr^nに逆比例するものと考えてみる。$n=2$ならば、逆二乗の法則が厳密に成り立つといえる。しかし、実験には測定誤差があるので、nの値そのものを求めることはできず、nの値の範囲が得られるだけである。現在得られているnの範囲は

$$|n-2|<2.7\times10^{-16}$$

である。この不等式は$n=2$を含むので、逆二乗法則を否定することはできない。逆二乗法則が実験によって確かめられているということは、こういう意味なのである。

万有引力の法則

クーロンの法則は、二つの質点が及ぼし合う力に関する万有引力の法則とよく似ている。

〈コラム 3〉

万有引力の法則

$$f=G\frac{m_1m_2}{r^2}$$

f：二つの質点が及ぼし合う引力

m_1, m_2：両質点それぞれの質量

r：両質点間の距離

G：万有引力の定数

最新の測定値＝6.67259(85)×$10^{\ 11}$

$Nm^2kg^{\ 2}$

球殻の万有引力

ニュートンは、大きさのある物体が及ぼす万有引力について、次のようなことを証明している。球の表面に一様に質量が分布しているとき、球の内部にある質量に万有引力は働かない。球の外部の物体に働く万有引力は質量が球の中心に集中している場合とまったく同じである。したがって、球対称の物体が物体外の粒子に及ぼす万有引力も、全質量が球の中心に集中している場合と同じである。

イギリスの化学者プリーストリーは一七六六年に、帯電した金属球の中の空洞に帯電体を入れて、これに力が働かないことを確かめた。球殻による万有引力がその内部で打ち消されることとの類推から、電気力に対しても距離に関する逆二乗の法則が成立するだろうと推測した。クーロンはこの推測を確かめたのである。

占星術

占星術師たちは言う。誕生日の木星の位置が人の運命を決めると。それは木星の万有引力が働くからだそうである。木星と地球との距離は、最も接近したときで地球半径の九二五〇〇倍、木星の質量は地球の質量の三二〇倍である。したがって、地球上で木星の見える側にいた者と、その反対側にいた者の感じる万有引力の加速度の違いは、地表の重力加速度を g として

$$2\times10^{-12}g$$

の程度に過ぎない。この加速度は、質量一キログラムの物体が距離一メートルのところにあるときの万有引力の加速度

$$7\times10^{-12}g$$

よりも小さい。つまり、赤ちゃんをとりあげた産婆さんが太っていたか痩せていたかによる万有引力の違いの方が大きいのである。

月が及ぼす万有引力の加速度は

$$3\times10^{-6}g$$

の程度である。月の引力が、潮の満ち干を起こしていることはよく知られている。それが生物の進化に何らかの影響を及ぼしたことは確かである。

素電荷

陽子の電荷と電子の電荷の絶対値が等しいことは、水素の気体が電荷を帯びていないことから予想できる。精密な測定によっても、それらの電荷の違いは検出されていない。しかし、測定には必ず誤差がある。その誤差はどの程度であろうか。電子の電荷を $-e$ とし、陽子の電荷を $(1+\alpha)e$ だとする。すると、水素原子は差し引き αe の電荷を帯びることになる。したがって、水素原子は互いに反発し合う。しかし、宇宙空間では、漂う水素原子が集まって星になったはずである。つまり、電荷による反発力よりも万有引力の方が大きいはずである。

〈コラム 4〉

クーロン力　　万有引力

$$\frac{\alpha^2 e^2}{4\pi\epsilon_0 r^2} < \frac{Gm^2}{r^2}$$

r：水素原子間の距離

m：水素原子の質量＝1.67×10^{-27}kg

このように考えて、αを計算すると

$$|\alpha| < 9\times10^{-19}$$

ということになる。現在は、もっと精度の良い実験が行われており、

$$|\alpha| < 3\times10^{-20}$$

である。要するに、このように精密な実験をもってしても、陽子と電子の電荷の絶対値の差異を検出できないのである。

現在、電荷を持つ素粒子は数多く発見されているが、電荷の絶対値は陽子の電荷に等しい。この意味で、陽子の電荷は素電荷とよばれている。その値は、アメリカのミリカンによって一九一二年に初めて測定された。現在得られている最も正確な値は

$$e = 1.60217733(49) \times 10^{-19}\mathrm{C}$$

である。

理論的には、$e/3$ の電荷を単位とする電荷を持つ「クォーク」とよばれる粒子が存在すると信じられている。しかし、クォークを単独で取り出すことはできず、電荷は必ず $\pm e$ またはゼロの塊として取り出される。磁石の極を単独では取り出すことができず、必ず正負の対になって取り出されるようなものであろう。なぜ、電荷が連続的な値ではなく e の整数倍でなければならないのかは、いまのところ、わかっていない。

参考文献

（随所で左記の文献を参照した。）
- I. Newton ［中野猿人 訳］：プリンシピア、講談社（一九七七）。
- S. Weinberg ［本間三郎 訳］：電子と原子核の発見、日経サイエンス社（一九八六）。
- 永田一清：静電気、培風館（一九八七）。
- 青野 修：電場・磁場、共立出版（一九七九）。

2　力を目で見る

電場

電荷は他の電荷に力を及ぼす。その力は直接及ぼされるのではなく、電荷のまわりの空間が変化し、その変化した空間に他の電荷が持ち込まれると、その電荷に力が働くものと考える。この変化した空間を「電場」という。また、その変化の度合を電場の強さあるいは単に電場という。電場の強さは、そこに持ち込まれた単位量の電荷に働く力によって表される。したがって、電場の強さは位置と時刻の関数であり、関数値はベクトル量である。

電荷が両方とも静止している場合には、力が直接及ぶと考えても、何ものかを介して及ぼされる

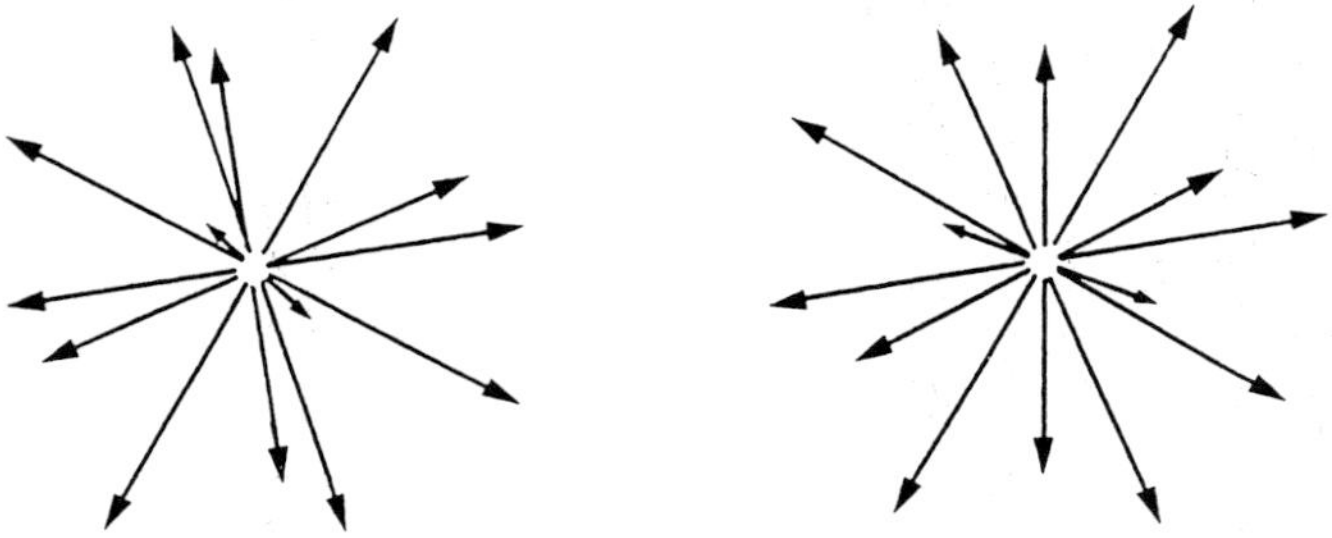

▲図 3　点電荷のまわりの電気力線（立体図）
左側の図を右目で，右側の図を左目で見て，頭の中で重ねると，立体的に見える．

と考えても区別はつかない。しかし、動いている場合には、その力が直接及ぶにしても、一方の電荷が動いたという影響が、もう一方の電荷の位置に届くまでには時間がかかるであろう。したがって、クーロンの法則が、そのままの形で成り立つとは考えにくい。事実、成り立たない。これは、電荷のまわりの電場の生じ方が、電荷が動いているかどうかによって変わると考えればよい。

電気力線

電場は位置と時刻で決まるベクトルである。と言われても、何のことやらピンとこない。もう少しわかりやすく表現することはできないものであろうか。人類は、目に見えたり耳に聞こえたりすると、わかったような気になるという性癖がある。したがって、電場を目に見えるように表す方法を考えてみる必要がある。

空間の一点から出発して、進行方向が常に電場の方向に一致するように進むと、その道筋は一本の線になる。この線を電気力線という。電場には向きがあるので、電気力線にも電場と同じ向きをつける。例として、帯電体のまわりの電場を考える。帯電体は十分小さく電荷は一点に集中しているものとみなす。このような一点に集中した電荷を「点電荷」という。

点電荷のまわりの電場は、その点電荷の位置と電場を観測している位置とを結ぶ直線の方向を向いている。したがって、この直線に沿って進めば、進行方向は常に電場の方向である。つまり、この直線が電気力線である。電場は点電荷のまわりの空間の各点に存在しているので、点電荷を端とする直線はすべて電気力線である。しかし、すべての電気力線を引くことはできないので、適当な有限の数の電気力線を引くことになる。また、実際には電気力線は三次元空間に存在するが、平面に乗っている線だけを引いて我慢することが多い。

〈コラム 5〉

クーロンの法則

点電荷のまわりの電場は逆２乗の法則に従う

$$\vec{D}=\frac{q}{4\pi r^2}\frac{\vec{r}}{r}$$

q：点電荷の電気量
$\vec{r}$：点電荷を原点とする位置ベクトル
$\vec{D}$：電束密度

$\vec{D}=\varepsilon_0\vec{E}$　　$\vec{E}$：電場，ε_0：定数

点電荷には方向性がないので、等方的に直線を引くのが適当であろう。栗のイガかウニのトゲのようなものを想像すればよいであろう。この点電荷を中心として半径の異なる二つの球面を描く。電気力線は二つの球面を貫くが、その本数はどちらの球面でも明らかに同じである。したがって、電気力線の本数は、点電荷の電気量に比例する量だと考えられる。適当に電気量の単位を選べば、点電荷から出ている電気力線の数によって、その点電荷の電気量を示すことができる。このように定義された電気力線の数を「電束」という。

一方、球面の面積は半径の二乗に比例するので、単位面積あた

▲図4　双子渦
一様流中に十分長い円柱を，その軸が流れの方向と垂直になるように固定すると，流体はこの円柱を迂回して流れる．流れ模様は円柱の太さ，一様流の速さ，流体の種類によって非常に異なった様相を示す．［写真は種子田定俊氏のご厚意による］

りの電気力線の本数つまり電束密度は、半径の二乗に逆比例する。球面上の電場の強さも半径の二乗に逆比例する。したがって、電束密度は、電場の強さに比例する。すなわち、電気力線はその方向によって電場の方向を示すだけでなく、その密度によって、電場の強さも示すことができるのである。なお、物質中では、電束密度と電場とには必ずしも比例関係は成り立たない。

流線

空間の各点で定義されたベクトルの例は、電場のほかにもいろいろある。たとえば、水の流れや空気の流れである。これらの例では、空間の各点で水や空気の動く速度のベクトルつまり流速が定まっている。流れの様子を目に見えるように表すために、電気力線と同様に、流線を描く。流線は、その接線が流速と平行な線である。流線は流速と同じ向きを持つものとする。

蛇口

水の中に、一点から等方的に水を噴き出す蛇口を置いたと考える。その蛇口のまわりの流線は、点電荷のまわりの電気力線と同じく、蛇口から放射状かつ等方的に出る直線群である。ある瞬間に、蛇口を中心とする球面を通過した水の最前線は、球面を保ちながら、その半径が時間とともに拡大する。この半径拡大の割合が流速である。方向は球面に垂直で、蛇口から遠ざかる向きである。流速の大きさと球面の面積との積は、流出量すなわち蛇口から噴き出す水の単位時間

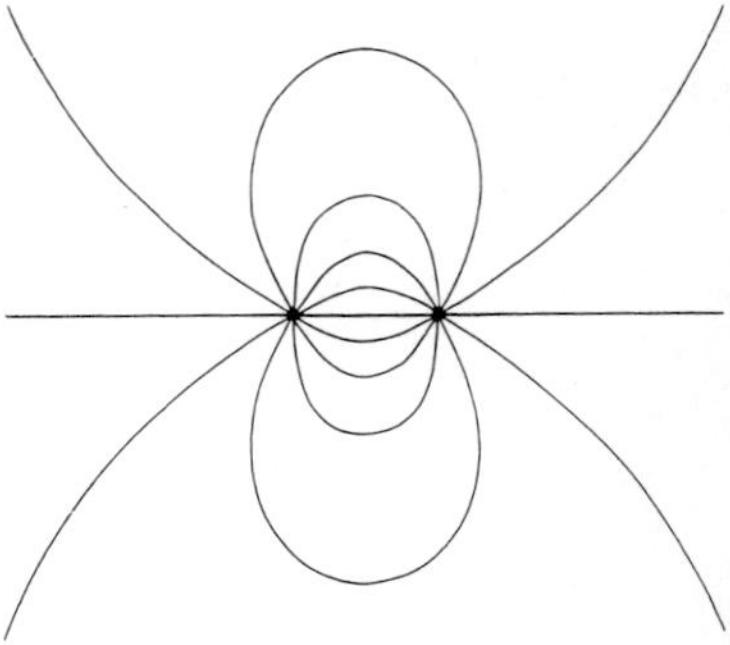

▲図５　湧き出し口と吸い込み口
水中に等方的な湧き出し口と等方的な吸い込み口がある場合の流線。異符号の２個の点電荷のまわりの電気力線も同じである。

〈コラム　６〉

等方蛇口の法則

水中に置かれた等方的な蛇口から流れ出る水の流速は逆２乗の法則に従う

$$\vec{v} = \frac{Q}{4\pi r^2}\frac{\vec{r}}{r}$$

Q：蛇口から流れ出る水の量（単位時間あたりの体積）
$\vec{r}$：蛇口を原点とする位置ベクトル
$\vec{v}$：位置rにおける流速

あたりの体積である。これは球の半径には無関係である。また、球面の面積は半径の二乗に比例する。したがって、流速は蛇口からの距離の二乗に逆比例する。これは、点電荷のまわりの電場と同じである。さらに、電気量と流出量とが対応していることがわかる。流速の大きさと球面の面積との積は、蛇口からの流出量に等しい。同様に、電束密度の大きさと球面の面積との積は、全電束つまり点電荷の電気量に等しい。

ガウスの法則

蛇口を袋で包んだとき、袋から出ていく水の量は、蛇口が袋の中に入っている限り、どこにあっても、袋の形や大きさが変わっても、蛇口から噴き出す水の量に等しい。しかも、蛇口が二つ以上あれば、それぞれの蛇口から噴出する水の量の和になるだけである。もし、水を吸い込む口があれば、それは負の噴き出し口だと考えればよい。吸い込み口は、電場との類推では、負電荷に対応する。袋から出ていく水の量は、袋の表面で流速の法線成分を積分して得られる。同じく、袋の中の電気量の合計は、袋の表面で電束密度の法線成分を積分すれば得られる。これを「ガウスの法則」という。

光線

光のエネルギーの流れも、空間の各点で定義されたベクトルである。したがって、エネルギーの流線を描くことができる。この線を「光線」とよんでも差し支えないであろう。

点光源が球面上に一様に分布している場合を考える。光のエネルギーは球の中心から外へ向かって等方的に流れるであろう。また、球全体を透明な袋で包めば、袋から流れ出る光のエネルギーは、光源が球の中心に集中している場合と同じである。したがって、球の外のエネルギー流は、点光源のエネルギー流と同じである。

球の中では、エネルギーは球の中心から見て放射状に流れるはずである。その流れが中心の方に向かう流れであれば、中心の位置に光のエネルギーが溜まることになる。また、中心から出る向きの流れであれば、光源がない中心の位置からエネルギーが涌き出していることになる。いずれも起

〈コラム 7〉

ガウスの法則

閉じた曲面を貫く電気力線の数は、その曲面に包まれた領域の内部にある電気量の合計に等しい。

$$\int \vec{D}\cdot d\vec{S}=q$$

閉じた曲面を貫いて流れ出る水の体積は、その曲面に包まれた領域の内部にある蛇口から流れ出る水の体積の和に等しい。

$$\int \vec{v}\cdot d\vec{S}=Q$$

閉じた曲面から流れ出る光のエネルギーは、その曲面に包まれた領域の内部にある光源から出るエネルギーの和に等しい。

$$\int \vec{j}\cdot d\vec{S}=\Gamma$$

閉じた曲面上での加速度の積分は、その曲面に包まれた領域の内部にある全質量に比例する。

$$\int \vec{g}\cdot d\vec{S}=4\pi Gm$$

〈コラム　8〉

点光源の法則

小さな光源から流れ出る光のエネルギーの流れは逆2乗の法則に従う

$$\vec{j}=\frac{\Gamma}{4\pi r^2}\frac{\vec{r}}{r}$$

Γ：点光源から出る単位時間あたりのエネルギー

$\vec{r}$：点光源を原点とする位置ベクトル

$\vec{j}$：位置 r におけるエネルギー流
（単位面積・単位時間あたりのエネルギー）

Γ を光束とすれば、$\Gamma/4\pi$ は光度、j は照度である。

〈コラム　9〉

万有引力の法則

$$\vec{g}=\frac{Gm}{r^2}\frac{\vec{r}}{r}$$

m：質点の質量

$\vec{r}$：質点の位置を原点とする位置ベクトル

$\vec{g}$：質点のまわりの万有引力の加速度

G：万有引力定数

こりえないので、エネルギー流は消えてしまうであろう。

万有引力の力線

質点のまわりの力線は、点電荷のまわりの電気力線や点光源のまわりの光線と同じである。したがって、質点が球の表面上に一様に分布している場合に、球の内部の質点には万有引力は働かず、球の外の質点には全質量が球の中心に集中している場合と同じ万有引力が働く。このことは、ニュートンが別の方法で証明している。[1]

球対称の物体の及ぼす万有引力は、対称の中心から観測点までの距離よりも中心に近いところにある質量が、中心に集中している場合の万有引力と同じである。地球の質量分布が球対称ならば、地球上の物体に働く重力は、地球の全質量が中心に集中している場合と同じである。したがって、地表での重力加速度と地球半径と万有引力定数を知れば、地球の全質量を計算することができる。万有引力定数を測定して、地球の質量や平均密度を初めて求めたのは晩年のキャベンディッシュ(一七九八年)である。

重力加速度

岩手県水沢市の『国立天文台 地球回転系 水沢観測センター』では、10^{-9} の精度で重力加速度を測定している。この精度では、数ミリメートルの高さの違いを検出できる。また、季節による南北半球の草木の状態変化で起こる質量の移動が、地球の自転速度の変化に影響を及ぼしていることが、突き止められた。[2]

電場の応力

ファラデーは、電気力線をゴムひものようなものだと見なした。異符号の二つの点電荷はゴムひもでつながれている。これらのゴムひもが長さの方向に縮もうとしているので、引力が生じるのだと考えることができる。ひもに垂直な方向には反発し合う力が働くとすれば、同符号の電荷が斥力を及ぼし合うことが納得できる。

電荷のまわりの電場の突っ張り合いや引っ張り合いのような緊張状態の強さを表す量を「応力」という。応力は、ある面を指定したとき、その面の両側が及ぼし合う単位面積当たりの力を決めることができるような量である。面の方向は、その面に垂直なベクトルを決めれば決まる。したがって、応力は、面に垂直なベクトルと単位面積当たりの力を表すベクトルを関係付ける行列で表され

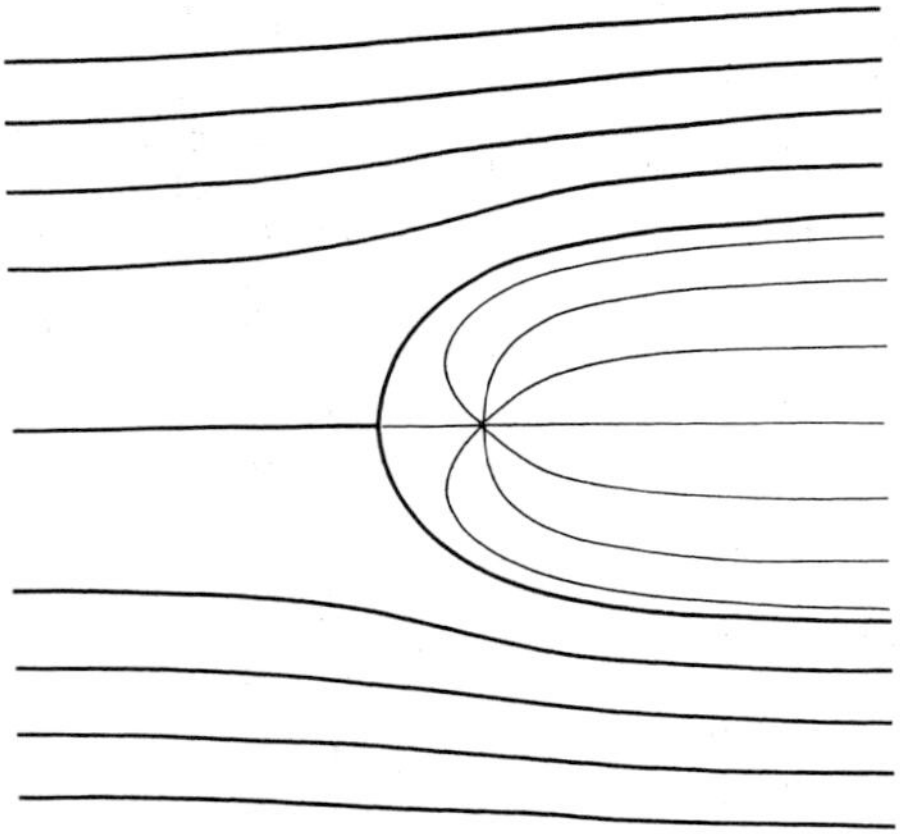

▲図 6　一様電場中の点電荷
一様電場の中に置かれた点電荷のまわりの電気力線．一様な流れの中に等方的な湧き出し口がある場合の流線でも同じである．

〈コラム 10〉

電場の応力テンソル

$$\varepsilon_0\begin{pmatrix} E_xE_x-\frac{1}{2}E^2 & E_xE_y & E_xE_z \\ E_yE_x & E_yE_y-\frac{1}{2}E^2 & E_yE_z \\ E_zE_x & E_zE_y & E_zE_z-\frac{1}{2}E^2 \end{pmatrix}$$

ε_0：定数（真空の誘電率）

$E^2=E_x^2+E_y^2+E_z^2$

E_x, E_y, E_z：電場の x, y, z 成分

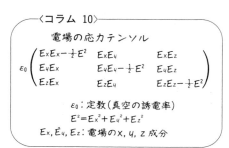

る。応力はベクトルよりも複雑な量で、「テンソル量」とよばれる。テンソルという用語は、ラテン語の緊張という言葉に由来する。

静水圧

応力の最も簡単な例は、「静水圧」である。静止した水の中では方向によらず同じ圧力が働く。ただし深さに依存することはよく知られている。深くなるほど圧力が増すことが浮力の原因であることは小学生でも知っている。

しかし、圧力はテンソルという複雑な量であるため、意外に難解な面もあり、誤解されている面も多い。そのため、さまざまなパラドックスの種となっている。

〈コラム 11〉

静水圧テンソル

$$\begin{pmatrix} -p & 0 & 0 \\ 0 & -p & 0 \\ 0 & 0 & -p \end{pmatrix}$$

p：圧力

浮力

水中の物体には浮力が働く。これはアルキメデスの昔から知られていることである。しかし、浮力は複雑な力であり、正しく理解している者は少ないのではないかと思われる。実際、次のような文章を、一般の新聞・雑誌などで頻繁に見かける。「鯨は、水中では浮力で体重を支えているので、楽に生きることができる。しかし、陸の上では、まともに重力がかかるので、大きな体を支えきれない。」

もし、地上で鯨に働く重力を支えることができないのならば、鯨は地中深く沈んでしまうことになる。本当は、地上での重力は地面などからの垂直抗力で支えられ、水中での重力は浮力で支えられる。したがって、力のつり合いだけを考えている限り、浮力でも垂直抗力でも区別はない。問題は、浮力で支えれば楽に生きられ、垂直抗力などで支えられると支えきれないと思うほど苦しいのはなぜか、という点にある。

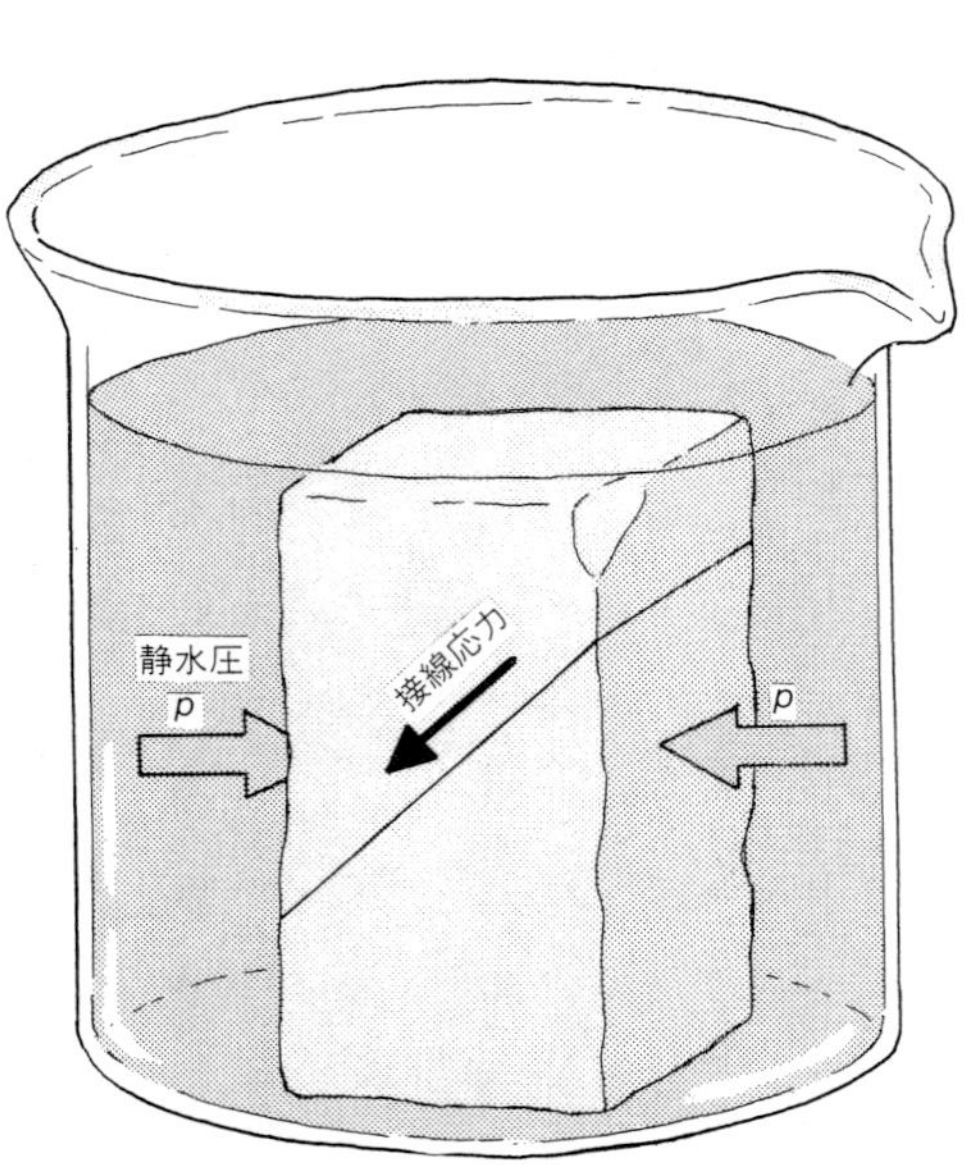

▲図7　水中の豆腐に働く接線応力

水中の豆腐はなぜ崩れにくいか

水を張った容器の底に豆腐が沈んでいる場合を考える。水の中で豆腐が崩れにくいのはなぜかと尋ねると、たいていの人は、浮力が働くから、と答えるであろう。ロゲルギストも、うかつにも、浮力で片付けている。(3) では、浮力が働けばなぜ崩れにくいか、と重ねて尋ねると、答えに窮するのが常である。ロゲルギストも困って、ずいぶん考えたそうである。(4)

浮力は、豆腐に働く圧力の合力であり、豆腐の質量中心に加速度を生じさせる力である。豆腐が崩れるには、まず変形する必要がある。変形の原因になる作用は力ではなく、応力である。応力による変形を「歪み」という。

豆腐の中に鉛直方向と45°傾いた平面を考える。面の上側には滑り落ちる力が働く。面に平行な応力成分を接線応力という。周囲に水がなければ、豆腐を構成する分子の分子間力によって滑りを止める。水があれば、豆腐の側面から圧力が働き、接線応力を弱める。豆腐の側面は鉛直であるから圧力による力は水平方向である。水平方向の力が働くことによって豆腐は崩れにくくなるのである。浮力は鉛直方向の力である。したがって、浮力は豆腐を崩れにくくするための直接の原因ではない[5]~[6]。

参考文献

（1） I. Newton〔中野猿人　訳〕：プリンシピア、講談社（一九七七）。
（2） 真鍋和朗（見学記）：物理教育、**38**(**2**)：106-106（1990）.
（3） ロゲルギスト：続物理の散歩道、岩波書店（一九六四）、三〜一六ページ。
（4） 近藤正夫：応用物理教育研究会会報、**12**(**1**), 21-26（1987）.
（5） 青野　修：応用物理教育研究会会報、**11**(**2**), 31-33（1986）.
（6） 青野　修：応用物理教育研究会会報、**12**(**2**), 146-146（1988）.

3　原子のおもちゃ

原子の構成要素

原子は電気的に中性であるが、トムソンが発見した電子は負の電荷を持っている。したがって、もし電子が原子の構成要素ならば、原子の中では正の電荷を持つ物質が電子の電荷を打ち消していなければならない。その物質の存在を確認し、どのような性質かを調べることが、電子発見後の物理学界の重大関心事であった（表1）。

アーンショウの定理

ある領域の中に電荷は存在せず、時間的に変化しない電場（静電場）があるとする。この中に、

物理学賞	レントゲン（Wilhelm Conrad Röntgen, 1845. 3. 27〜1923. 2. 10） X線の発見．
化学賞	ファントホフ（Jacobus Henricus van't Hoff, 1852. 8. 30〜1911. 3. 1） 化学熱力学の法則および溶液の浸透圧の発見．
医学・生理学賞	ベーリング（Emil Adolf von Behring, 1854. 3. 15〜1917. 3. 31） 血清療法の創始．
文学賞	シュリ・プリュドム（Sully Prudhomme, 1839. 3. 16〜1907. 9. 7） 本名 René-François-Armand Prudhomme，フランスの詩人．日常生活の叙情詩，哲学的な詩作．
平和賞	デュナン（Jean Henri Dunant, 1828. 5. 8〜1910. 10. 30） 国際赤十字の創始． パシー（Frédéric Passy, 1822. 5. 20〜1912. 6. 12） フランスの経済学者，政治家．クリミヤ戦争以来の平和活動．

▲表1　第1回ノーベル賞受賞者

他の点電荷を置くとき、安定に静止する位置はない。

［証明］　静電場を定常流の流速の場と対応させて考える。もし、正の点電荷が静止する位置（平衡点）があったとすると、その位置の電場はゼロである。安定な平衡点ならば、その位置を少し離れた任意の位置で平衡点に戻す向きの力が働く。つまり、平衡点の方を向いた電場が存在する。この平衡点を小さな閉じた袋で包み、電場を水流で置き換えると、水を自由に通す袋の表面の流速はどこでも内向きである。したがって、水は袋の中に流れ込む一方で出て行くことがない。これでは、袋の中に吸い込み口がなければ定常流は保てない。すなわち、袋の中に負の電荷が存在しなければならない。これは、考えている領域の中に電荷が存在しないという条件と矛盾する。ゆえに、正の点電荷が安定に静止する点は存在しない。負の点電荷に対しても、まったく同様に、安定な平衡点が存在しないことがわかる。

静止模型

原子は電子と未知の正電荷で構成されていることは確かである。もしも、正電荷と電子とが別々の位置を占めているのならば、アーンショウの定理が示すように、電子は安定に静止することはできない。したがって、電子は動いていなければならない。しかし、等速直線運動では電子は無限遠に飛び去ってしまうので、加速度を持つ運動でなければならない。電荷が加速度を持てば、電磁波を放射する。したがって、原子のエネルギーは減り続け、電子は正電荷を持つ未知の物体と合体してしまうであろう。

未知の物体には、正の電荷が連続的に分布しているとすれば、その静電場の中に電子は静止することができる。つまり、電子は寒天の中の小豆のように、正に帯電した連続的な組織体の中に埋め込まれる。電子が平衡の位置からずれると振動を始め、一定振動数の光を放射する。これが一九〇三年に発表されたトムソンの考えである。しかし、原子から放射される光のスペクトルを説明するには多くの困難があった。

土星模型

東京大学の長岡半太郎は、原子の中心に正電荷を置き、そのまわりを電子が回っているという模型をトムソンと同じく一九〇三年に発表した。加速度を持つ電子が電磁波を放射しないためには、多数の電子が土星の輪のようにまとまって回転していればよい。

極東の未開国であった日本の仕事が無視されずに世界に紹介されたのは、当時の指導的数理物理学者ポアンカレのおかげである。

「スペクトル線は、なぜ規則正しく配分されているのであろうか。この現象は、実験家によって極度に精密に測定されているが、たいへん正確で、しかも規則は比較的簡単である。これについては、まだ何の説明も与えられていない。私は、これが自然の最も重要な秘密の一つであると信じている。日本の長岡氏は最近これに関して一つの説明を提出した。氏によれば、原子は一個の正電荷と、これを取り巻く非常に多くの電子の輪で形成され、あたかも土星が輪を持っているようなものである。この説は、はなはだ興味あるものであるが、まだ満足なものではない。しかし、改良されれば、物質の本質に迫ることができるであろう。」

長岡の土星模型は、国際的に注目されたが、やがてトムソンの寒天模型の方が優勢になった。しかし、長岡半太郎は正に帯電した物体の中で電子が電気的な力しか受けないのはおかしいと考えていた。

原子模型

模型とは雛型のことである。模型飛行機は本物の飛行機を相似形に縮小し、形だけでなく、動き方や働きまでも模倣したおもちゃである。原子模型も、原子を構成する電子や正電荷がどのように配置され、どのように動き、どのような機能を持っているかを示す雛型である。ただし、親鳥よりもはるかに巨大な雛である。もっとも、トムソンや長岡半太郎が実際にそんな雛型をつくったわけではなく、頭の中で想像しただけである。

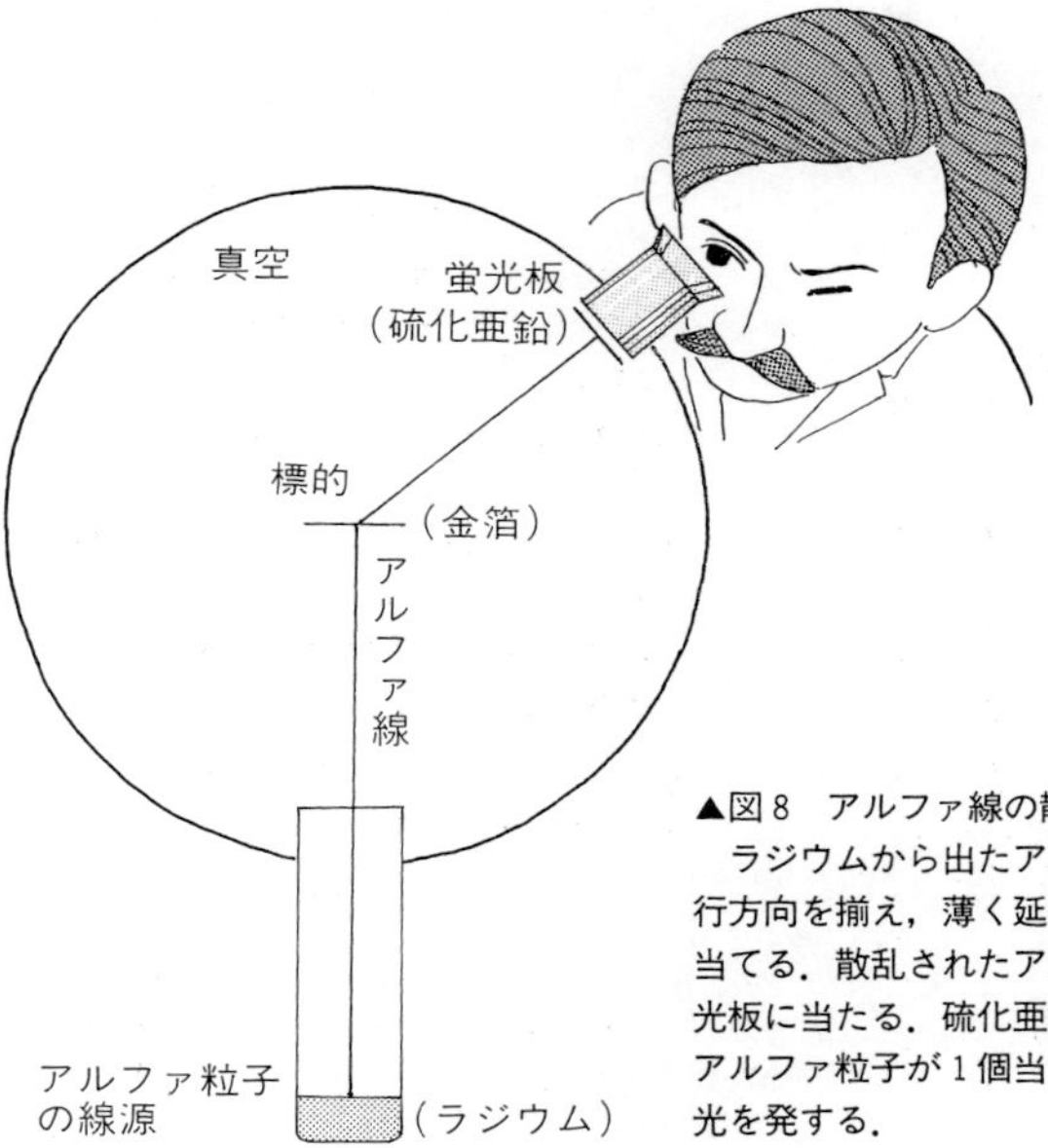

▲図8　アルファ線の散乱
ラジウムから出たアルファ粒子の進行方向を揃え，薄く延ばした金属箔に当てる．散乱されたアルファ粒子は蛍光板に当たる．硫化亜鉛の蛍光板は，アルファ粒子が1個当たっただけで閃光を発する．

アルファ線の散乱

マンチェスター大学のラザフォード研究室では、アルファ線を物質に照射して散乱の方向を調べていた（図8）。原子がトムソンの寒天模型のような構造をしているなら、アルファ線の進行方向はほとんど曲がらないはずである。この退屈な実験を、ラザフォードは若い学生マーゼンに放射線取り扱いの練習のためにさせていた。ところが、二万回に一回くらいは後方に跳ね返ってくる。そんな馬鹿なことはあるまいと、ラザフォードは助手ガイガーに追試を頼んだ。結果は学生の言う通りであった。一九〇九年の出来事である。ラザフォードの回想によれば、一枚のちり紙めがけて大砲を打ち込んだところ砲弾が跳ね返されて自分に当た

〈コラム 12〉

アルファ粒子の軌道

$$r=\frac{-l}{1-\varepsilon\sin(\theta-\frac{\chi}{2})}$$

$l=mv^2b^2/k$　b：衝突パラメーター

ε：離心率　$\varepsilon^2=1+m^2v^4b^2k^{-2}$

θ：極角

χ：散乱角　$\sin(\chi/2)=1/\varepsilon$

$k<0$とすれば、引力が働く場合の軌道を表す。
一般の軌道を表すには、lとεを次の量で置き換える。
$l=L^2/(mk)$、$\varepsilon^2=1+2EL^2/(mk^2)$
L：角運動量　E：力学的エネルギー

ったような衝撃を受けた。

ラザフォードの頭の中には様々な考えが浮かんでは消えたであろう。アルファ粒子は一個の原子や原子の中の小さな粒子によって散乱されたのではなく、標的の大きな部分との相互作用によって散乱されたのかもしれない。また、アルファ粒子は、ものすごい速さで向かってくる電子と衝突して散乱されたのかもしれない。あるいは、散乱にかかわる力が電気的な引力や斥力とは関係のない未知の力かもしれない。原子の中では運動量やエネルギーは保存されないのかもしれない。

ラザフォードの頭にどんな考えが浮かんだか知るよしもないが、一九一一年には小さな正電荷が原子の中心にあり、その正電荷でアルファ線が散乱されるとして、どの方向にどんな確率で散乱されるかを計算した。計算は、実験結果を見事に説明することができた。こうして原子核が発見されたのである。やがて、原子は、中心にある小さな原子核のまわりを原子番号程度の数の電子が回っていること、電子の質量は小さいので、原子の質量の大部分は原子核が持っていることなどがわかった。原子番号は元素の周期表における序列を示す番号として、メンデレーエフらによってすでに導入されていた（表2）。

元素記号	元素名	発音	元素記号
喜留	喜度羅厄紐母	ヒートロゲニュム	H
那	那篤留母	ナトリュム	Na
加	加留母	カリュム	K
勿	勿爾律母	フェルリュム	Fe
亜健	亜爾健去母	アルゲンチュム	Ag
浩	浩律母	アウリュム	Au
布	布綸爸母	プリュムヒュム	Pb

▲表2　蘭学者の川本幸民が『化学新書（1860 年訳）』で用いていた元素記号

散乱断面積

アルファ線を原子核に向かって飛ばすと、ある確率で衝突する。衝突するといっても、くっついて一体になるわけではない。進行方向が曲げられるだけである。自動車の衝突とは違う現象である。したがって、散乱という方がよいかもしれない。この現象をラザフォードは次のように扱った。

まず、アルファ粒子の速度に垂直な平面を考える。ずっと遠くにある原子核から、その平面に垂線を下ろす。その足を平面の原点とする。アルファ粒子が平面を通過する位置と原点との距離を「衝突パラメーター」という。これは、アルファ粒子の進行方向が、原子核によって曲げられずに直線軌道を飛んで行くと仮定したとき、原子核からその直線までの距離である。アルファ粒子の進行方向が曲げられる角度は「散乱角」とよばれ、衝突パラメーターによって決まる。衝突パラメーターが小さいほどアルファ粒子は原子核の近くを通り、大きく散乱される（図9）。衝突パラメーターがゼロならアルファ粒子は原子核に真正面から衝突し、もと来た道へ跳ね返されることになる。

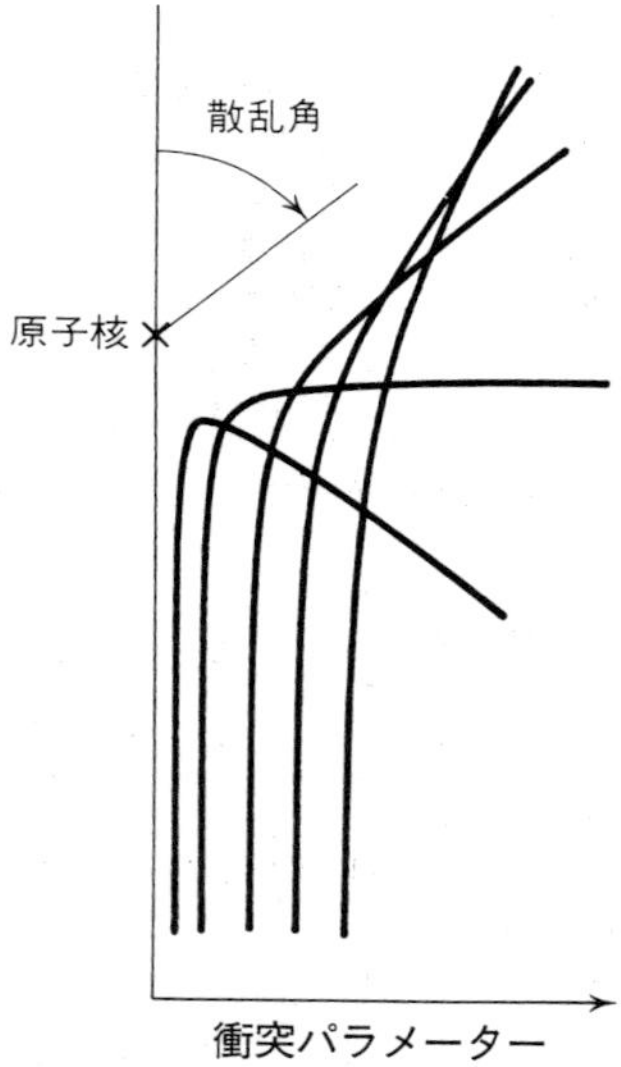

▲図9　アルファ粒子の軌道
衝突パラメーターが小さいほど，散乱角は大きくなる．

〈コラム 13〉

衝突パラメーターと散乱角の関係

$$\tan\left(\frac{\theta}{2}\right)=\frac{q_1q_2}{4\pi\varepsilon_0(mv^2b)}$$

θ：散乱角
q_1, q_2：衝突する二つの粒子の電荷
ε_0：定数（真空の誘電率）
$m=m_1m_2/(m_1+m_2)$：換算質量
m_1, m_2：衝突する二つの粒子の質量
v：相対速度
b：衝突パラメーター

アルファ粒子の進行方向がある角度以上、たとえば90°以上曲げられるためには、衝突パラメーターが90°散乱の衝突パラメーターより小さくなければならない。つまり、アルファ粒子が90°散乱の衝突パラメーターを半径とする円内を通過すれば90°以上曲げられる。したがって、アルファ線を金属箔などに照射したとき、箔を突き抜けず、跳ね返される確率を次のように考えて求めることができる。アルファ粒子が飛んで行く方向には、多数の原子核が見えるが、すべての原子核を同じ半径の円板だと仮定する。その半径は90°散乱の衝突パラメーターに等しくとる。円板は仮想的なものであり、アルファ粒子に力を及ぼすようなものではない。そうすると、そのような円板のどれか一つに

アルファ粒子が衝突する確率と、金属箔を構成する原子の核から力を受けて跳ね返される確率とは等しい。同様にして、45°以上46°以下の範囲に散乱される確率など任意の散乱の確率を求めることができる。実際には一個のアルファ粒子の散乱角を測定するのではなく、多くのアルファ粒子がどの方向にどれくらい散乱されるかという散乱角の分布を測定する（図10）。

このような研究方法は、原子や原子核あるいは素粒子の構造を研究するために、ほとんど唯一の実験手段として現在でも盛んに使われている。

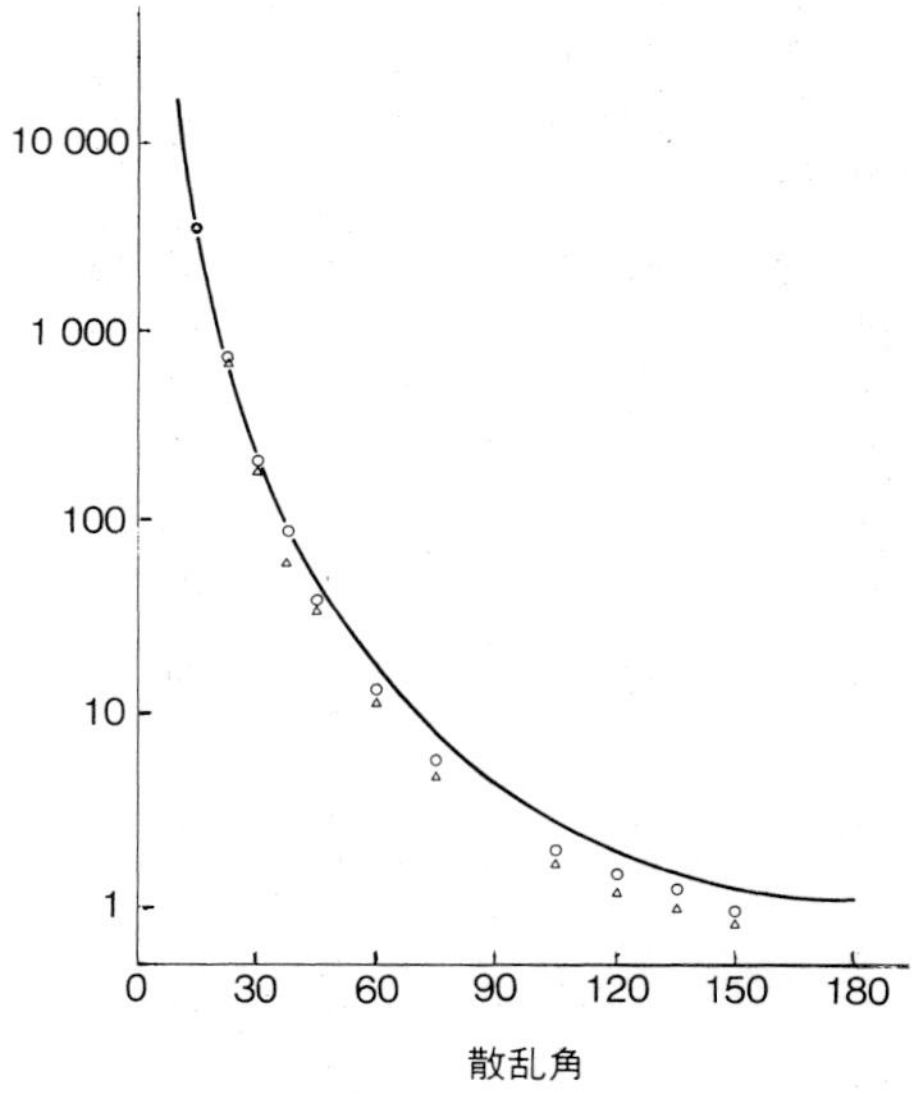

▲図 10　散乱角の分布
○は金，△は銀．実線は，アルファ粒子と原子核を共に点電荷と仮定した場合の計算値．

ボーアの原子模型

原子核の発見に続いて、核の電荷が測定され、核のまわりの電子の数が原子番号程度だということがわかった。これは、物理学界に厄介な問題を持ち込んだことになる。アーンショウの定理によって、電子は静止できない。動けば電磁波を放射して原子核にくっついてしまう。多くの電子の電磁波が干渉し合って消えるほど電子の数は多くない。

この難問はボーアによって、たちまち解決された。ボーアの理論は当時その片鱗を見せ始めていた量子論の考えに基づいていた。最も注目すべき成果は、一九一三年に原子の放射する電磁波の波長の系列を、原子核の電荷で表す式を導き出したことである。

気体分子運動論

一九世紀末、気体分子運動論が発展しボルツマン方程式[1]が提出された。グルーナーはこの方程式を金属内の電子群に適用しようと試みた。そのため、電子どうしの散乱断面積を求めた。ラザフォードの式と同じ式を同じ一九一一年に得たのである。しかし、その断面積をボルツマン方程式に代入すると、対数的に発散することがわかった[2]。この発散は、その後も高温プラズマの理論に発散の困難として付きまとい、満足な解決[3]を見たのは五一年も後のことである。

微分断面積

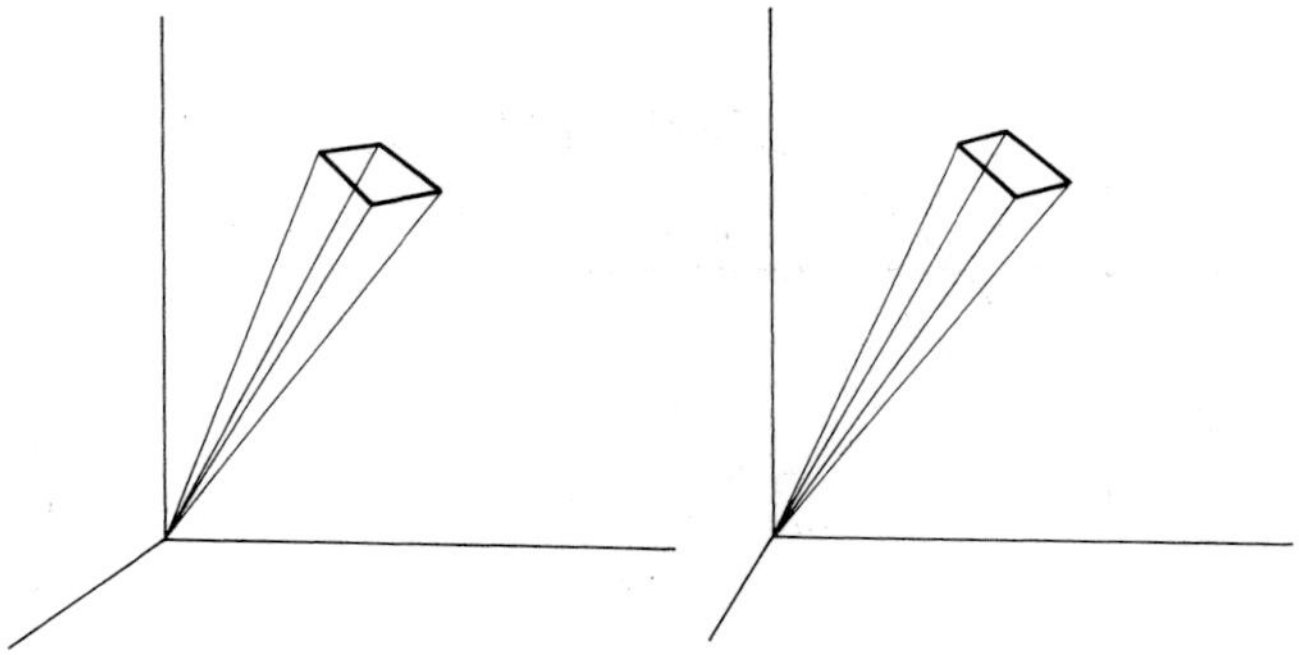

▲図 11　散乱の範囲（立体図）
極角が θ から $\theta+d\theta$ まで，方位角が ϕ から $\phi+d\phi$ までの範囲の立体角

アルファ粒子が地球の南極から北極に向かって飛んでいるとする。中心で標的に命中して進行方向が変わり、地表のどこかの点の方向に進む。地表の位置は緯度と経度の二つの角で表すことができる。同様に、アルファ粒子が散乱される方向は「極角」と「方位角」という二つの角で表される（図11）。方位角は経度に相当し極角は緯度に相当する。ただし、赤道の極角を0とするのではなく、北極の極角を0とし、南極の極角をπとする。

実際には、空間の方向にも範囲がある。空間の方向の範囲の大きさは立体角とよばれ、次のように定義される。原点を頂点として、方向の範囲の境界を示す錐面を描く。その錐面は原点を中心とする球面を切り取る。その面積を球の半径の二乗で割った商を立体角という。

屁理屈を言えば、ある方向に散乱される確率は常にゼロである。正しくは、ある方向を含む、ある立体角の範囲に散乱される確率というように定義しなければ

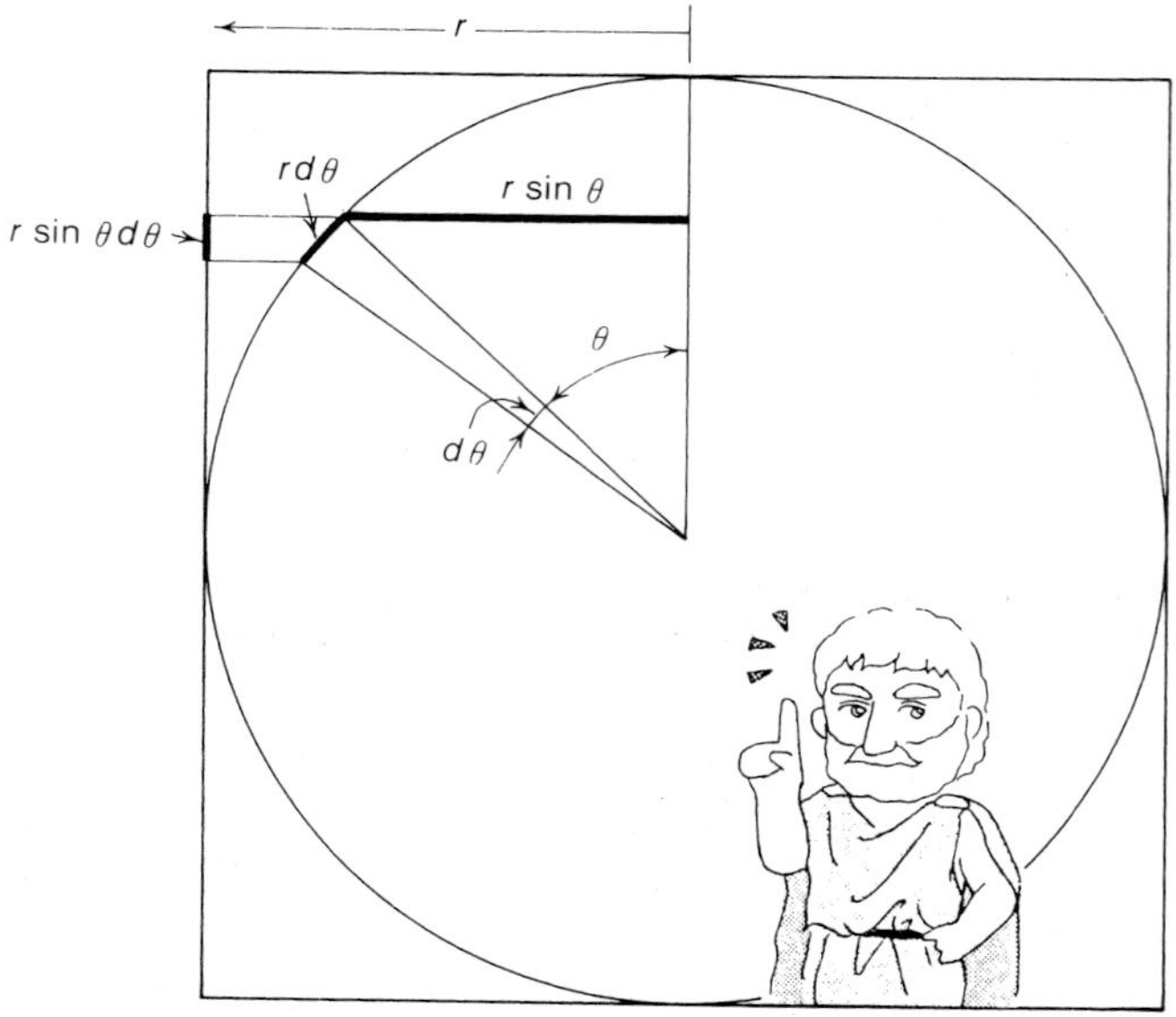

▲図 12　アルキメデスの定理
球に円筒を外接させ，円筒の軸に垂直な 2 枚の平面で，円筒面と球面とを同時に切るとき，両曲面から切り取られる 2 つの輪の面積は等しい．

したがって，円筒の軸に垂直な 2 枚の平面で球を挟むとき，切り取られた円筒側面の面積は，球の表面積に等しい．これから，半径 1 の球の表面積は 4 π であることが，ただちにわかる．

ならない。通常は、単位立体角当たりの断面積を用いる。それを微分断面積という。

立体角の単位

立体角の単位はステラジアンで、それは球の中心を頂点とし、その球の半径を一辺とする正方形の面積に等しい面積を、その球の表面で切り取る立体角である。したがって、全立体角の大きさは、アルキメデスの定理からすぐわかるように、4πステラジアンである。クーロンの法則などに現れている数4πは、全立体角4πステラジアンを表している。

〈コラム 14〉

散乱断面積

極角θ 方位角ϕ 立体角$d\Omega$の範囲に散乱される断面積

$$\sigma d\Omega = \left(\frac{k}{2mv^2}\right)^2 \frac{d\Omega}{\sin^4\frac{\theta}{2}}$$

$$d\Omega = \sin\theta d\theta d\phi$$

$d\Omega$：極角$\theta\sim\theta+d\theta$, 方位角$\phi\sim\phi+d\phi$の立体角

σ：微分断面積

m：換算質量

v：相対速度

$k = m_1 m_2 G$　　m_1, m_2：星の質量

G：万有引力定数

$k = \dfrac{q_1 q_2}{4\pi\varepsilon_0}$　　q_1, q_2：アルファ粒子と原子核の電荷

ε_0：真空の誘電率

参考文献

(0) 随所で左記の文献を参照した。

・S. Weinberg［本間三郎 訳］：電子と原子核の発見、日経サイエンス社（一九八六）。

・R. H. March［大槻義彦 訳］：詩人のための物理学、講談社（一九七七、ブルーバックス B-326）。

・永川堯久：Bypass（講義ノート）、長崎県立大村高校（一九八二）。

(1) L. Boltzmann: *Vorlesungen Über Gastheory* (1896) Vol. 1.

(2) P. Gruner: Ann. Phys. **35**, 381-388 (1911).

(3) O. Aono: J. Phys. Soc. Jpn. **17**, 853-864 (1962).

4　心が石になった

慈しむ石

秦の始皇帝時代（西暦紀元前三世紀後半）の中国では磁石は慈石と書かれ、磁極は乳と書かれていたそうである。慈石に砂鉄などが吸い付いているありさまを見て、母親が赤子に乳を与え、慈しんでいるようだと思ったのであろう（図13）。文明が進み、人間の心が石のように冷たくなるにつれ、いつしか慈石の慈の心も石になり（磁）、乳も出なくなって、単なる端っこ（極）になってしまった。なお、磁石の磁の旁は、つながり増えるという意味である。

▲図 13　慈母

陶磁器

陶は重なり合っている土の丘を表す。転じて土を重ねる意に用いられ、土器およびそれを焼き固めた物を意味するようになったと思われる。磁器は、河南の磁州で多く産するため、その地名に由来するといわれている。日本で陶器を瀬戸物というようなものである。また、琺瑯（ほうろう）はアラビヤ語で、ローマという地名を意味すると聞いたことがあるが定かではない。

磁石の指極性

後漢の紀元後一世紀頃には、磁石の棒が南北を指すことが知られていた。やがて磁針を木製の魚の腹に入れて、水に浮かべ、方位を知る指南魚が考案された。初めは占い師が使っていたが、宋代の十一世紀頃には船に備えられるようになり、羅針盤の走りとなった。これが中国と貿易していたアラビヤ人によってヨーロッパに伝えられた。

指南車

二輪車の上に人形が南向きに置かれ、車の向きが変わっても、歯車仕掛で人形の向きが変わらないように工夫されている。霧の中を進む軍隊に方角を知らせたという。正確な指導を意味する「指南」の語の由来である。その後も皇帝の威厳を示すため、行列に加えられていた。初めてつくられたのは、三世紀前半である。すでに磁石の指極性は知られていたので、磁石を利用した装置だと誤解されるが、まったく応用されていない。

羅針盤

十五世紀後半に始まるヨーロッパ人の大航海時代には、羅針盤は不可欠であった。中国から羅針盤が伝えられたのは十二世紀だと言われている。船舶用の羅針盤も初めのうちは、水を張った器にアシの葉を浮かべ、その上に針状の磁石を載せた簡単なものだった。やがて細長い菱形の磁針を中心軸で支えるようになり、方位を刻んだ円盤の上に置く乾式羅針盤になった。もちろん、コロンブスの船団も乾式羅針盤を装備していた。

地図

航海に必要な地図を作るためには、球面を平面上に投影することが必要である。メルカトルは航海者に最も便利な地図として、正角円筒図法を考案した。これが今でも最も広く海図や世界地図に用いられているメルカトル図法である。経線は等間隔の平行直線、緯線は経線に垂直な直線で表される。両極に近付くほど緯線の間隔が広がり、長さや面積が著しく拡大されるが、各部分ごとの形は整っている。地表の角度は、地図上でも同じ角度に写像される。特に、経線と同じ角度で交わりながら進む航路が直線で表される。したがって、海図の図法として、広く用いられている。メルカトルが発表した地図帳の装飾に巨人神アトラスが用いられたので、後に地図帳をアトラスというようになった(図14)。

磁石

磁石は、古代ギリシャでも知られており、ヘラクレスの石とかマグネシアの石など、さまざまなよび名があったらしい(図15)。マグネシアは、ギリシャのテッサリア地方にある地名で、磁鉄鉱を産した。英語で磁石をマグネットというのは、これに由来していると言われている。古代エジプ

▲図 14　地球を支えるアトラス

〈コラム 15〉

メルカトル図法

$x = R\phi$

$y = R \log \tan\left(\frac{\pi}{4} + \frac{\theta}{2}\right)$

x, y ：地図上の座標

ϕ ：経度差

θ ：緯度

R ：定数（縮尺）

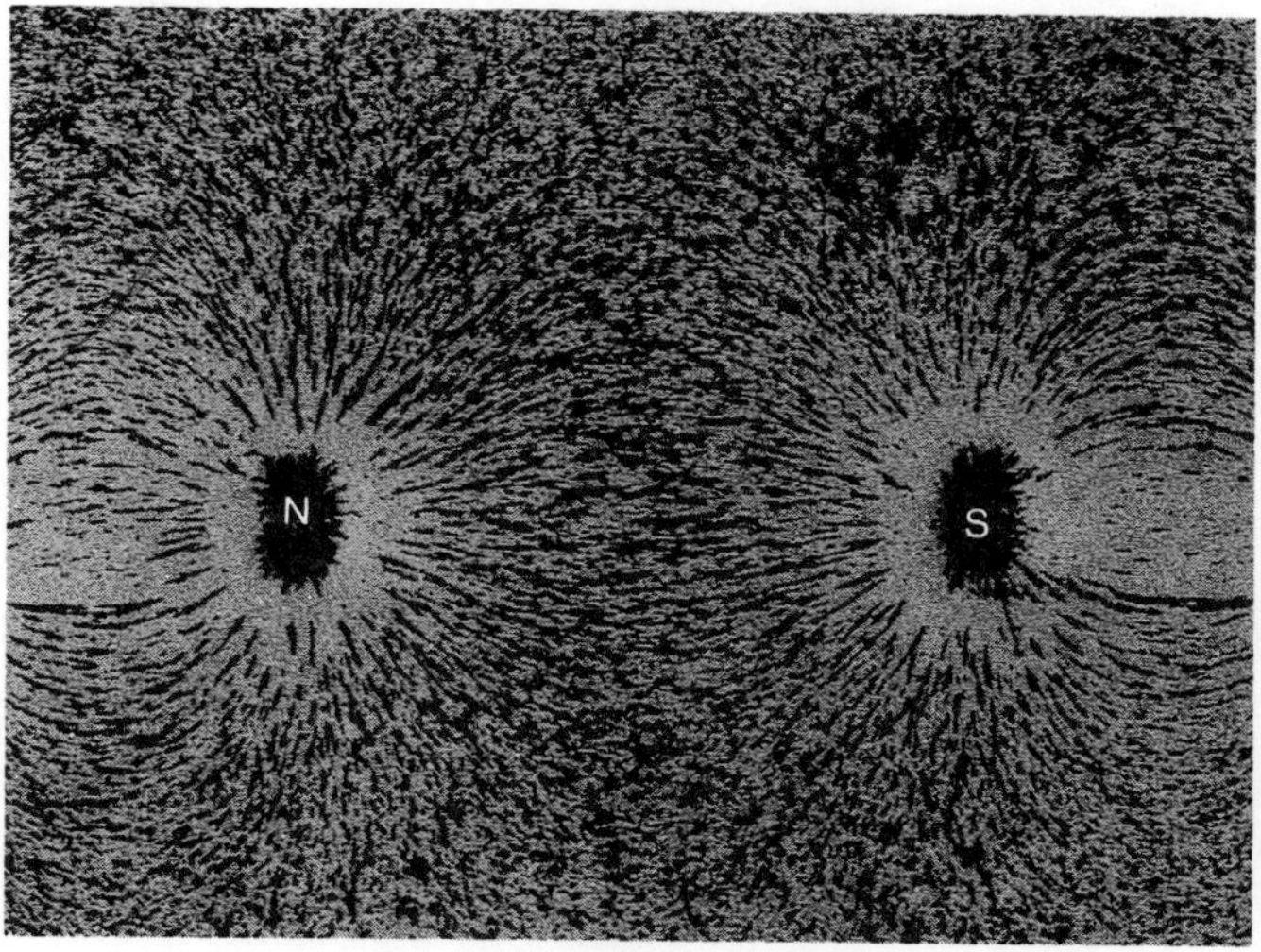

▲図 15　磁石のまわりの砂鉄．砂鉄の並び方は，磁力線に沿っている．

トでは、天空神にちなんでホルスの骨と称していたそうである。

磁石の吸引力は、古くから、力の作用が真空中でも伝えられる例、つまり今いうところの遠隔作用の例として注目されている。医学的な治癒力があると考えていた者もいる。現在でもいるが、証明されてはいない。ローマ時代の建築家の中には、天井を磁石でつくって鉄像を空中に浮かすことを試みた者もあると伝えられている。ただし、磁石だけで安定に浮かすことは、第3章に述べたアーンショウの定理によって不可能である。

ギルバートは、著書『磁石論』で、磁気と電気との違いについて述べている。電気力は、琥珀の摩擦によって生じた「発散気」が放出され、それを通じて近接作用的に力が伝わる。一方、磁力は遠隔作用であると考えていた。また、地球も一つの大きな磁石であると主張した。

磁場

棒磁石はその両端で鉄を強く引き付ける。北を向く端をN極といい、南を向く端をS極という。二本の棒磁石を近付けると、N極とS極は引き合い、同じ極どうしは反発し合う。これは正負の電荷が及ぼし合う力と同じ向きである。また、力の大きさも、距離の二乗に逆比例し、磁極の強さに比例する。したがって、第1章に触れた電荷に対するクーロンの法則と同じ形の法則が成り立つ。このような現象は、電荷のまわりの空間が変化するのと同様に、磁石のまわりの空間が変化したために生じるものと解釈する。磁石のまわりの変化した空間を磁場という。磁場のようすは、電場を電気力線で表したように、磁力線で表される。

しかし、電荷とは違い、N極だけ、あるいはS極だけを集めることに成功した者はいない（図16）。たとえば、一本の棒磁石を二本に切っても、新しくできた断面には、それぞれの部分がS極とN極を対で持つように、切る前に両極にあったのと同じ強さの磁極が現れる。さらに細分しても微小部分がそれぞれ小磁石になっている。したがって、原子自身が磁石になっているものと考えられる。

磁気双極子

磁石を無限に小さく細分した極限の小磁石を磁気双極子という。磁気双極子のまわりの磁力線の

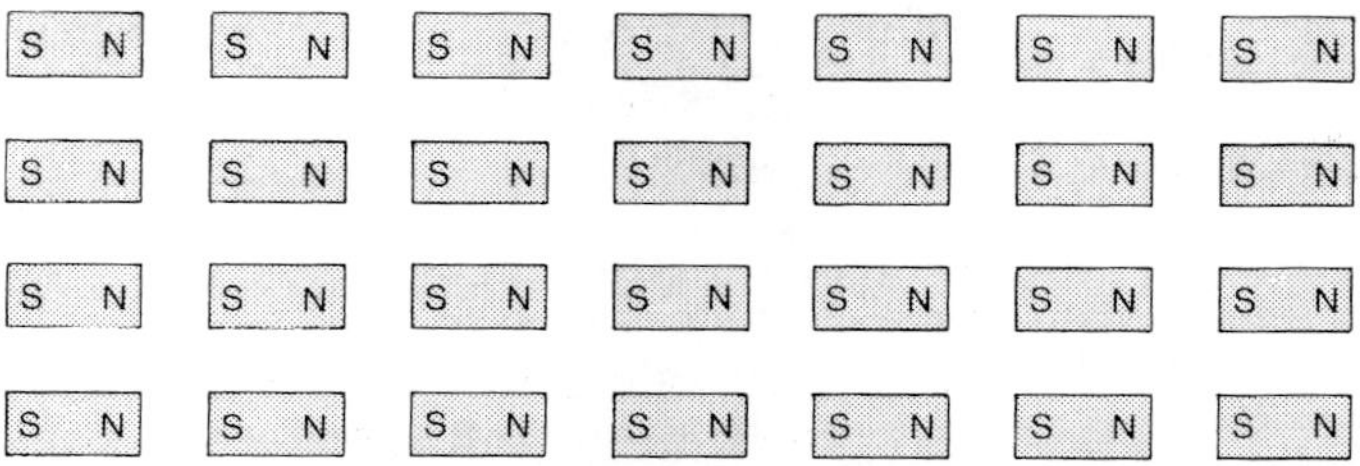

▲図 16　磁石の分割．磁石は小さな磁石の集まりである．

形は、電気双極子のまわりの電気力線の形とまったく同じである。電気双極子は、正負の電荷が接近した極限の電荷の対である。電気双極子の性質は、電気双極子モーメントで表される。それは、負の電荷から正の電荷に向かうベクトルで、大きさは電荷間の距離と電荷の絶対値の積である。磁気双極子モーメントも同様に定義される。負の電荷をS極、正の電荷をN極で置き換えればよい。磁極の強さは種々の方法で定義されている。

電流が磁場をつくる

電気と磁気は似ているが、違う性質もある。エルステッドは一八一三年に電流によって磁気が発生するはずだと述べている。その後一八二〇年に、聴衆の面前での演示実験中に電流の近くの磁針が振れるのを発見した。電流と磁場との定量的関係は、アンペール、ビオ、サバールによって、その年のうちに調べられた。

たとえば、直線状の導線を流れる電流のまわりの磁場は、電流を取り巻くように生じる。磁場の強さは、電流からの距離に逆比例する。向きは、電流が地球の南極から北極に向かって流れているとすると、地球の自転の向きである。磁力線は電流に垂直な平面上にあって、電

〈コラム 16〉

アンペールの法則
（積分形）

$$\int_c \vec{H}(\vec{r})\cdot d\vec{r} = I$$

左辺は閉じた曲線Cに沿って一周する積分
右辺は閉曲線Cを貫く電流。

（微分形）

ドイツ流 $\mathrm{rot}\,\vec{H}(\vec{r}) = \vec{i}(\vec{r})$

アメリカ流 $\mathrm{curl}\,\vec{H}(\vec{r}) = \vec{i}(\vec{r})$

〈コラム 17〉

$\mathrm{rot}\,\vec{H} = \mathrm{curl}\,\vec{H}$ の定義

x成分 $\dfrac{\partial H_z}{\partial y} - \dfrac{\partial H_y}{\partial z}$

y成分 $\dfrac{\partial H_x}{\partial z} - \dfrac{\partial H_z}{\partial x}$

z成分 $\dfrac{\partial H_y}{\partial x} - \dfrac{\partial H_x}{\partial y}$

〈コラム 18〉

ビオ-サバールの法則

$$\vec{H}(\vec{r}) = \frac{1}{4\pi}\int \frac{\vec{i}(\vec{s})\times(\vec{r}-\vec{s})}{|\vec{r}-\vec{s}|^3}\,d\tau$$

$\vec{H}(\vec{r})$：位置 $\vec{r}$ における磁場
$\vec{r}$：磁場を観測する位置
$\vec{i}(\vec{s})$：位置 $\vec{s}$ における電流密度
$\vec{s}$：電流密度の存在する位置
$d\tau$：位置 $\vec{s}$ を含む体積要素

流を中心とする円である。

もし、電流が閉じた曲線に沿って流れるならば、そのまわりの磁場は、磁気双極子のまわりの磁場とよく似ている。曲線が囲む面積と電流の積を有限に保って曲線を一点に収縮させる極限では、双極子磁場と完全に一致する（図17）。曲線が囲む面積と電流の積を磁気モーメントという。

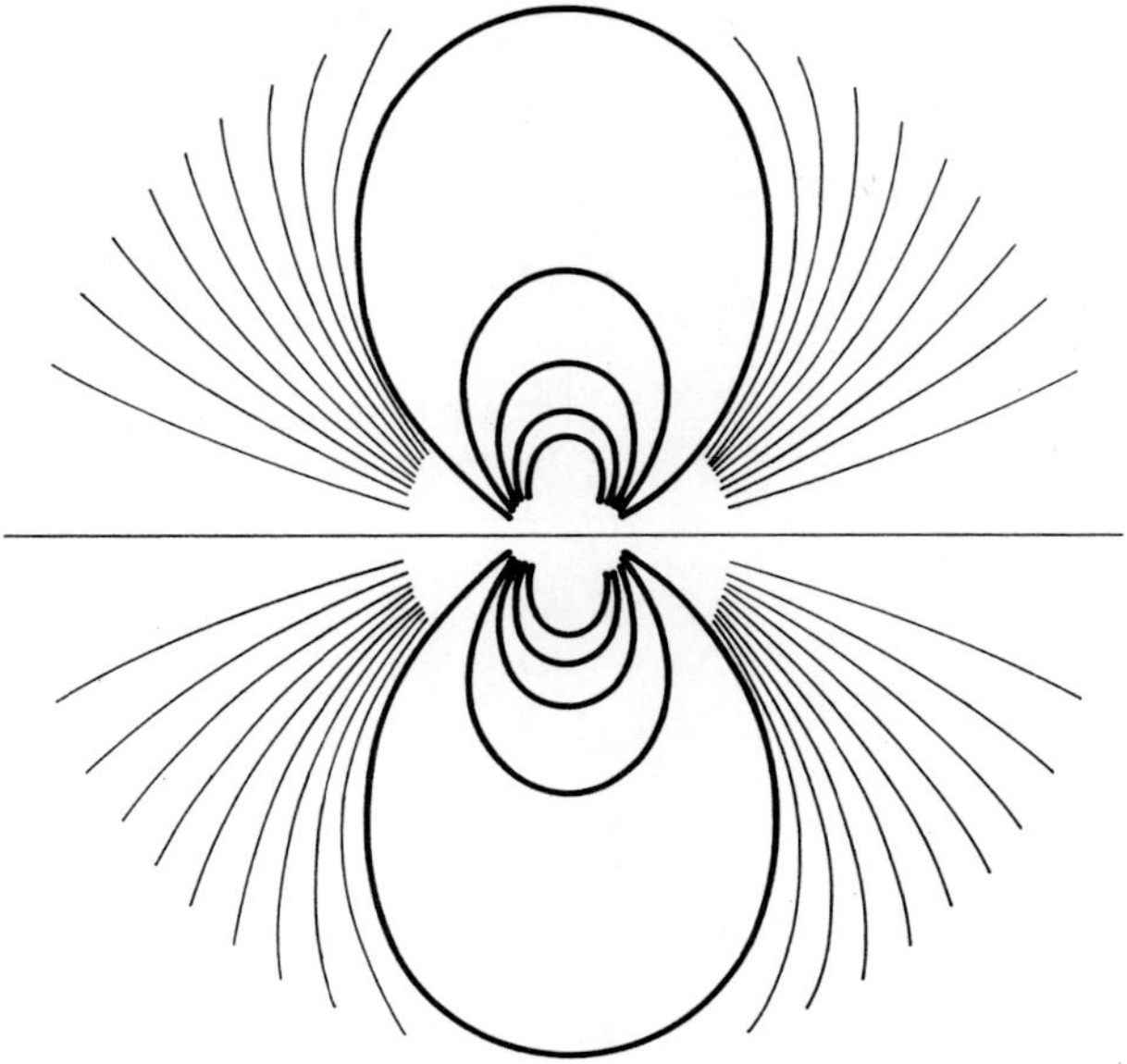

▲図 17　磁気双極子のまわりの磁力線
電気双極子のまわりの電気力線も同じ形である．双極子は横を向いている．

物質は原子から成り、原子は電子と原子核に分けられる。電子は、磁気双極子モーメントを持っている。原子核も持っているが、小さい。電子はなぜ磁気双極子なのか。

電子は電荷を持っている。電子が独楽（こま）のように自転すれば、電荷が回るので、閉じた電流になる。つまり、電荷を持つ粒子が自転すれば、磁気双極子になる。こう考えたのは、学位取得前の若きウーレンベックとその後輩の大学院学生であった。自転の角運動量の大きさは、プランク定数の4π分の1である。一般の系で、角運動量の大きさは、その整数倍の値のみが可能である。粒子

スピン角運動量　$h/4\pi=\hbar/2$ 磁気モーメント　$\pi=e/2m$ 磁場中のエネルギー　$-\mu\cdot B$ h：プランク定数 e：電子の電気量 m：電子の質量 記号 $\hbar$ の名称は一定していないが，"角プランク定数" と名付けたい[1),(2)].

▲表3　電子

の自転の角運動量をスピン角運動量、あるいは単にスピンという（表3）。

電流が磁場から受ける力

電流のまわりの磁場が磁石に力を及ぼすならば、磁石のまわりの磁場は電流に力を及ぼすであろう。磁場は磁石がつくっても電流がつくっても同じはずである。事実、電流が二本あれば互いに力を及ぼし合う。

平行な無限に長い直線状の導体のそれぞれを電流が流れるとき、導体に働く単位長さ当たりの力は、電流の大きさの積に比例し、導体の間隔に逆比例する。電流が同じ向きなら引力で、逆向きなら反発力である（図18）。

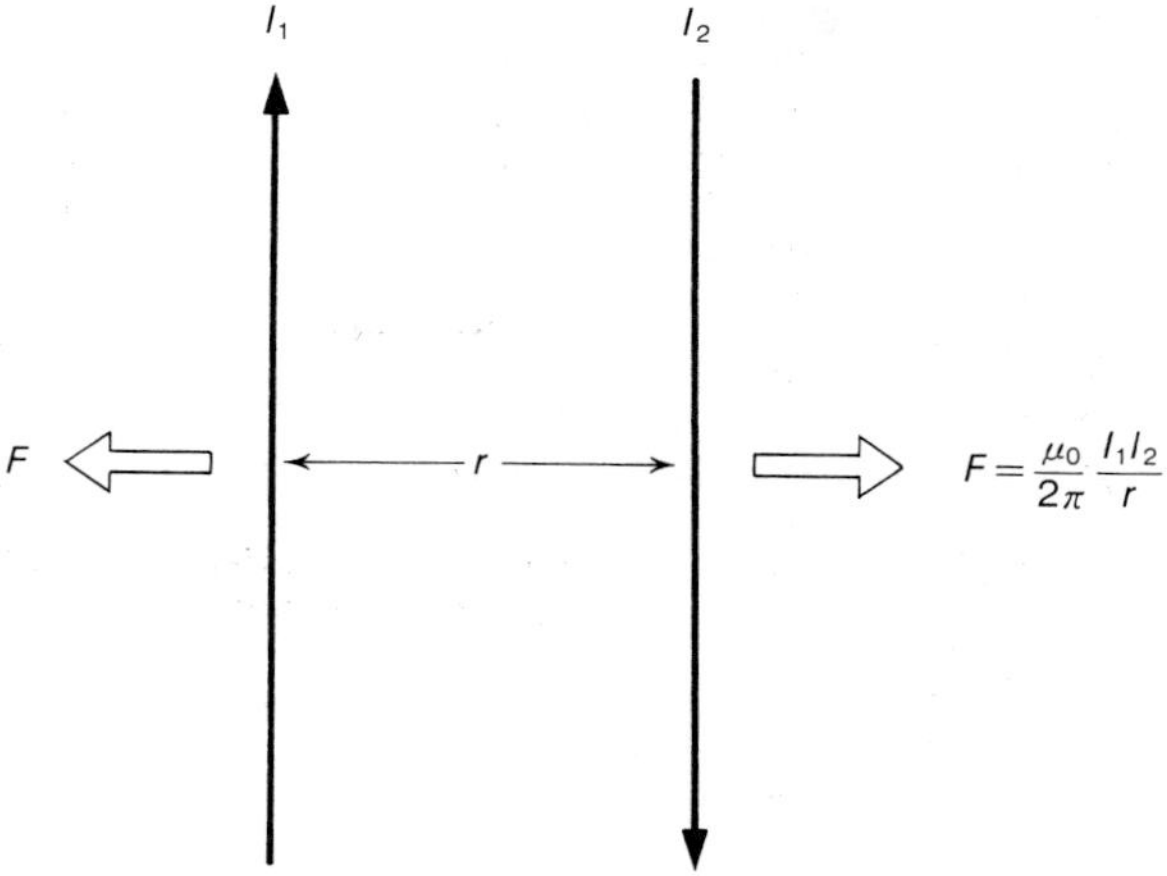

▲図 18　直線電流が及ぼし合う力
F は単位長さ当たりの力．μ_0 は真空の透磁率．

ローレンツ力

電流は磁場中で力を受ける。電流は、電荷を持つ粒子の流れである。荷電粒子が磁場の中で動けば、電流と同じく力を受ける。その力は、荷電粒子の持つ電気量と速さと磁束密度の大きさおよび速度と磁束密度の間の角度のサインの積で与えられる。力の方向は、速度と磁場の両方に垂直である。向きは、速度を磁束密度の方へ回すとき、右ねじの進む向きである（表4）。

〈コラム 19〉

ローレンツ力

$\vec{f} = q\,\vec{v} \times \vec{B}$

q：荷電粒子の電気量

$\vec{v}$：荷電粒子の速度

$\vec{B}$：磁束密度

パラドックス

荷電粒子が動けばそのまわりには磁場が生じる。近くに電流があれば、それらは力を及ぼし合う(図19)。

平面上に置かれた閉じた円形の導体中を電流が流れている場合を考える。電流のつくる磁場は、円の内部では平面の裏から表に向かう向きに生じているものとする。平面上を円電流の中心に向かって進む荷電粒子は、平面に平行で進行方向に垂直な力を受ける。この力は、粒子と電流を結ぶ方向を向いていない。したがって、この粒子が電流にどんな力を及ぼしても、作用反作用の法則を満たすことはできない。

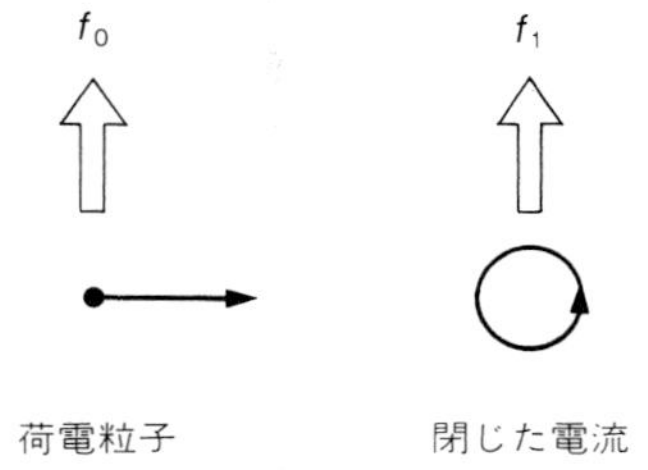

▲図19　円電流と荷電粒子が及ぼし合う力．作用 f_0 の反作用は f_1 ではない．

$B=\mu_0 H$ B：磁束密度 H：磁場 μ_0：真空の透磁率とよばれる定数 $(=4\pi\times10^{-7}\mathrm{NA}^{-2})$
$m=\mu_0\mu$ m：磁気双極子モーメント μ：磁気モーメント
$h=2\pi\hbar$ h：プランク定数 $\hbar$：角プランク定数

▲表4　諸量の関係

荷電粒子の電気量が正で、円の外にあるときに受ける力の向きを上向きということにする。正の荷電粒子のつくる磁場は、直線電流のまわりの磁場と同様に、軌道を右回りに取り巻くような向きに生じる。この磁場によって円電流は上向きの力を受ける。

結局、荷電粒子も円電流も同じ向きの力を受ける。したがって、運動量も保存されないように見える。しかし、電場と磁場が共存しているとき、場が運動量を持つと考えれば、物質の運動量と場の運動量の和は保存される。

力も、荷電粒子と電流が直接及ぼし合うのではなく、それらがつくった磁場から及ぼされると解釈する。そうすれば、電流に働いている力と、荷電粒子に働いている力とは、作用と反作用の関係にはない。

参考文献

（1） 青野　修：物理教育 **32**(4), 300-301 (1984).

（2） 青野　修：電磁気学の単位系、丸善（一九九一）。

5　磁石から電流を取り出す

回転円板

電流が磁気作用を持つことは、前に述べたようにエルステッドによって発見された。それならば、逆に磁石から電流を取り出すこともできるのではなかろうか。これは一八二〇年代の物理学界にとって、魅力溢れる課題であった。物理学者の試みの多くは失敗に終わったが、不思議な現象が一八二四年に発見された。アラゴーによる回転円板の実験である（図20）。

銅の円板を水平に支え、鉛直軸のまわりに回転できるようにして置く。その上に磁石を水平に吊す。磁石は、銅板とは接触せず、銅板の回転軸と同じ軸のまわりに回転できる。銅板を回転させる

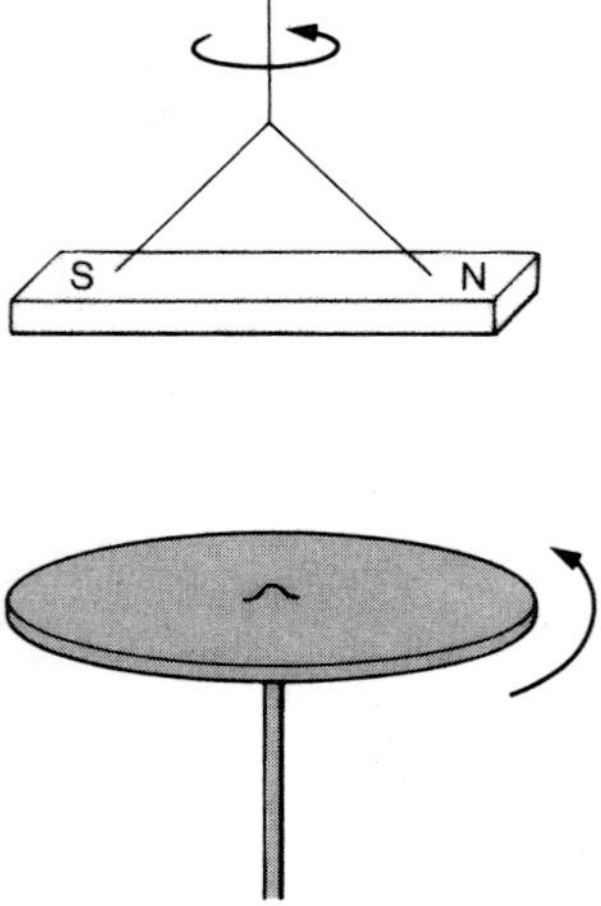

▲図20　回転円板の実験

と、それについて磁石も回転する。また、磁石を回転させると、銅板が同じく回転する。磁石の磁力によって銅板が磁石になったのであろうか。しかし、銅は鉄とは異なり、磁石にならない。満足な解答は、七年後にファラデーによって与えられた。

電磁誘導の発見

ファラデーが、磁気から電気を作り出すことに成功したのは、彼の日誌[1]によれば一八三一年八月二九日のことである。

軟鉄の環に銅線二本をグルグル巻き付け、コイルにする（図21）。これら二本のコイルと軟鉄は互いに絶縁されている。一方のコイルに電池をつなぎ電流を通す。とたんに他のコイルにも電流が

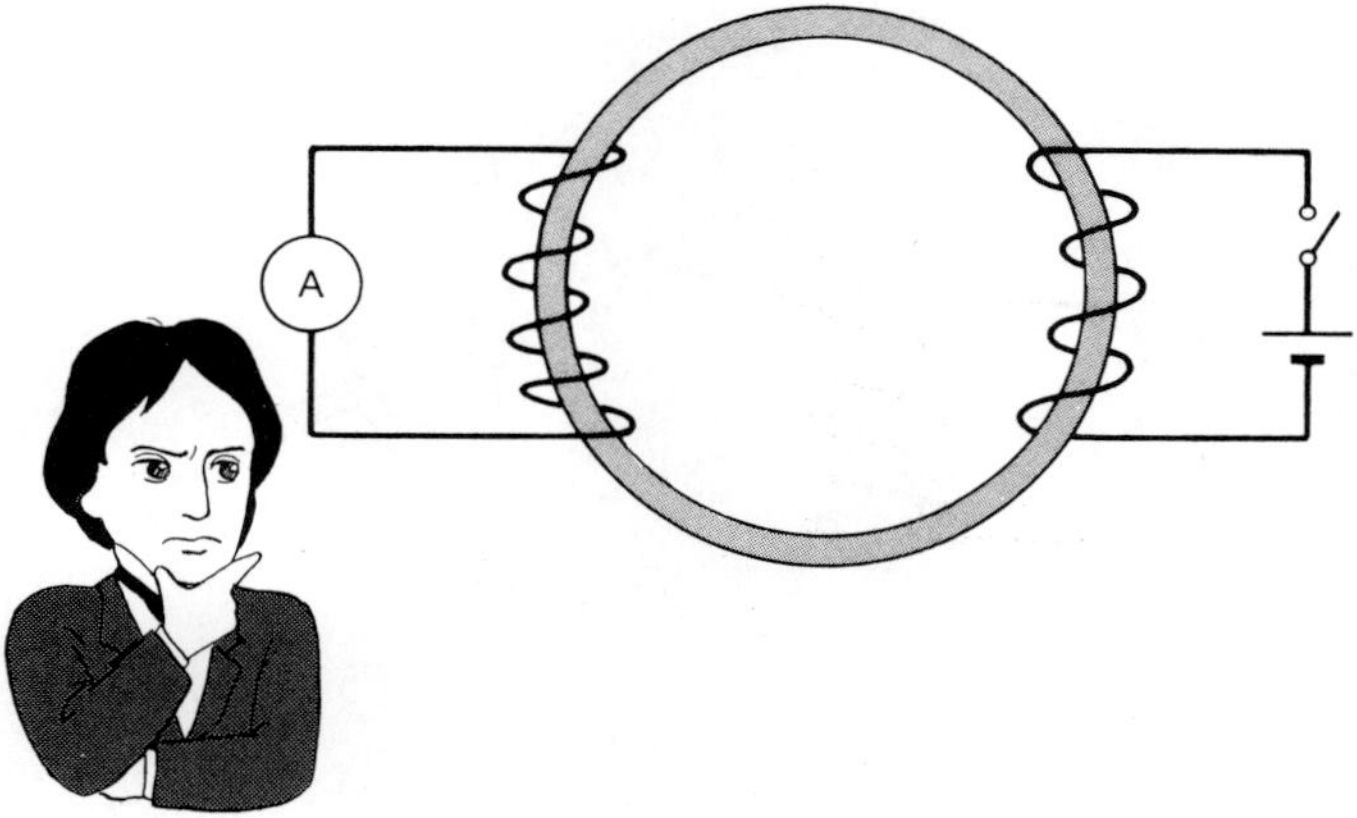

▲図 21　軟鉄の環に巻かれた２本のコイル

流れるが、間もなく流れなくなる。電池の接続を切ったときには逆向きの電流が生じ、すぐに消える。一方のコイルの電流が流れ始めたり、電流が切れて流れなくなったりする間の短い時間だけ、もう一方のコイルに電流が流れるのである。

どのようにして、ファラデーは、鉄環に銅線をグルグル巻くというようなことを思い付いたのであろうか。天才の直観としか言いようがないが、それについて日誌には何も書き残されていない。

磁石の強さを変える

鉄の円柱に銅線をコイル状に巻く。二本の棒磁石の一端のN極とS極とを接触させ、他端のS極とN極でコイルを挟む（図22）。これらの極を鉄の円柱にくっつけたり離したりする度にコイルの両端に電位差が現れる。この効果も永続的ではなく、磁石を動かしている間だけ生じる。この実験は九月二四日に行われた。

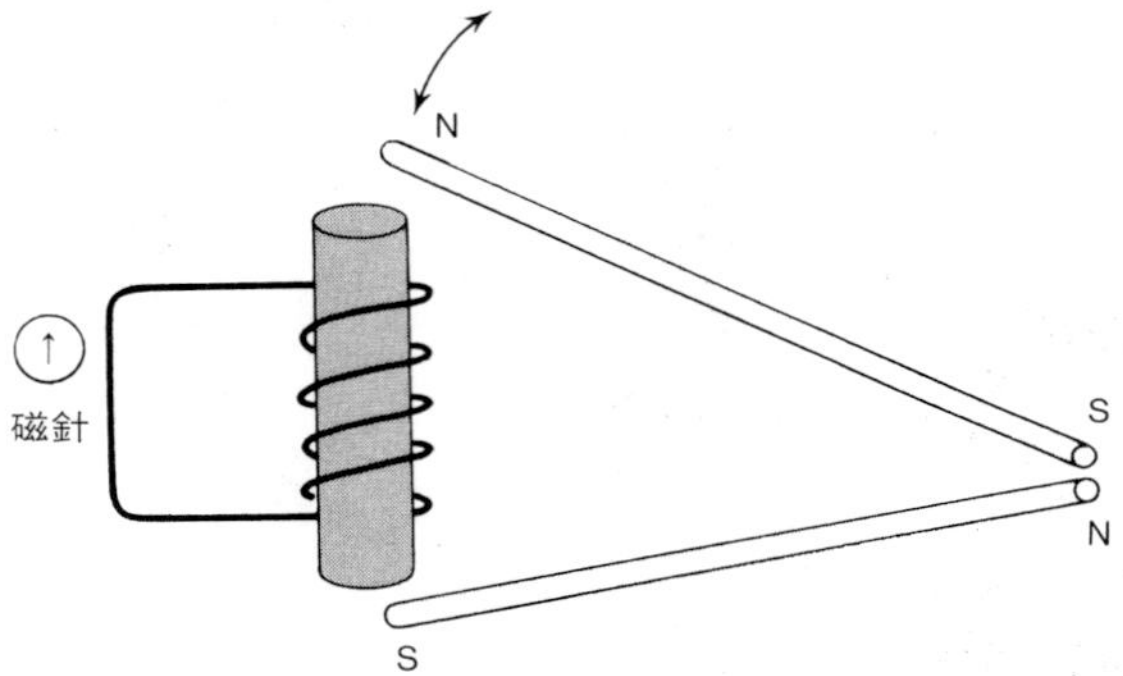

▲図 22　鉄芯の磁化を変える

磁石を動かす

十月十七日には、円柱形の棒磁石を、中空のコイルの中に一気に突っ込んでみた（図23）。コイルの両端に電位差が現れた。次に棒磁石を引き抜くと、電位差は逆向きに生じた。磁石を動かさず、コイルを磁石に近付けたり遠ざけたりしても、同様である。

磁場中で金属が動く

銅の円板が磁場に垂直な面内で回転すると、円の縁と中心との間に電位差が生じ、電流を取り出すことができる。円板を逆向きに回転させると、電流の向きは逆になる。円板が地球の自転の向きに回転し、磁場が地球の南極から北極に向かう向きを向いているとき、電流は円板の中心から縁に向かって流れる。

状況をもっと簡単化した実験を十一月四日に行った。金属板を水平に置き、上から見下ろしているものと考える。磁石のS極が板の上方、N極が下方にあるとする。磁極の間を東向きに板を通過させる（図24）。磁極の間で、板の南北の辺に導線を接触させれば、電流は南向きに流れる。この電流がつくる磁場は板の上方では西向き、下方では東向きである。磁極は、板の上方にS極、下方にN極が配置されているので、電流が磁石に及ぼす力は東向きである。つまり板の運動と同じ向きである。

板が一定方向に運動しているのではなく、円板が回転している場合でも、磁極の近くでは状況は同じである。こうして、アラゴーの実験で、円板を回転させたとき、上に吊した磁石がいっしょに回転したことが納得できる。

電磁誘導の法則

ファラデーはさまざまな実験をしたが、それらの現象をひとまとめにして、一言で言えば「磁力

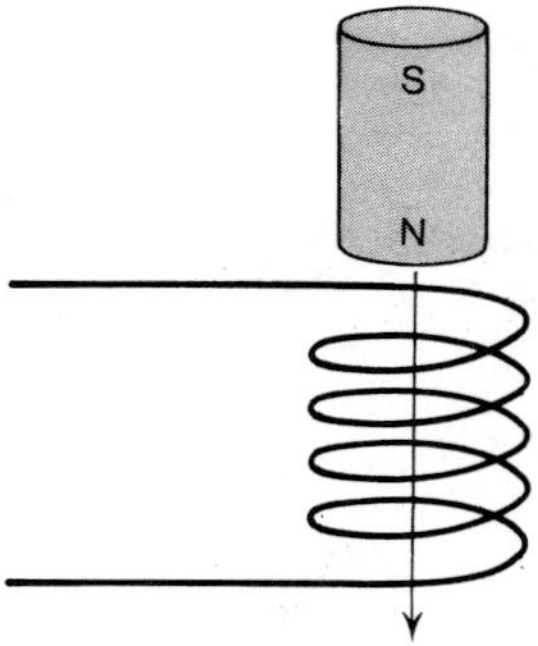

▲図 23　コイルに磁石を入れる

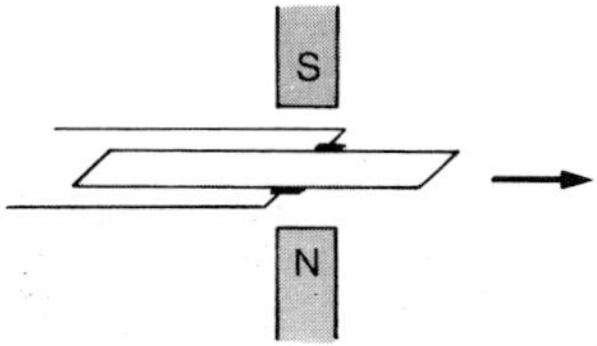

▲図 24　磁場中を動く金属板

▲図 25　磁力線を切る剣は電場を見た

線を横切るとき電場が見える」ということになる（図25）。

磁場の中を導体が動いているときには、導体が磁力線を横切るという意味は明白である。導体が静止し、磁石が動く場合も、磁力線が磁石といっしょに動くとすれば、磁力線と導体との相対的な運動は同じである。

コイルを流れる電流が増えて磁場が強くなり、隣のコイルに電流を誘導する場合は、磁力線は前のコイルの中から溢れ出し、近くのコイルをつくっている導線を横切って中に入り込むと考えればよい。

単極誘導

銅の円板を円柱形の棒磁石の極の上に置く。円板の中心を通り円板に垂直な直線を軸として回転させる（図26）。磁石は回転させない。このとき、円板の中心と円周上の1点に導線を接触させれば、持続的な電流を取り出すことができる。

円板を止めて、磁石を回転させても電流は取り出せない。[1][2] もしも、磁力線が磁石とともに回転するものと考えると、磁力線は円板上で円運動することになる。したがって、磁石が止まって、円板が逆向きに回転するときと同じ電流を取り出すことができるはずである。

磁力線の運動

磁場の中を荷電粒子が磁場に垂直に動くとき、力を受ける。しかし、粒子といっしょに動く座標系では、粒子は静止している。磁場は静止している荷電粒子に力を及ぼさない。したがって、座標

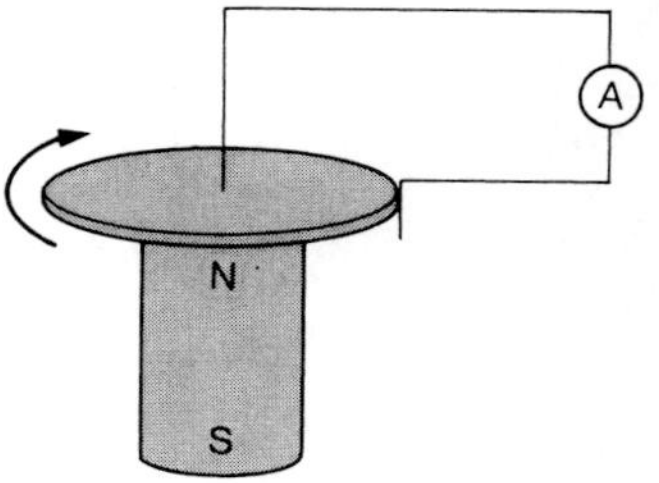

▲図 26　単極誘導

〈コラム 20〉

磁力線の運動

磁束密度 $\vec{B}$ とそれに垂直な電場 $\vec{E}$ が存在するとき、速度 $\vec{v}$ で動く荷電粒子は力 $\vec{f}$ を受ける。

$$\vec{f} = q(\vec{E} + \vec{v} \times \vec{B})$$

$$\vec{E} \cdot \vec{B} = 0$$

q：荷電粒子の電荷

荷電粒子が $\vec{f} = 0$ となる速度で動くとき、その荷電粒子と同じ速度で動く座標系では、電場は見えない。つまり、その荷電粒子は磁力線を横切っていない。したがって、磁力線は $\vec{f} = 0$ となる速度 v で動いていると考えられる。

系によって、荷電粒子に力が働いているように見えたり、働いていないように見えたりすることになる。こんなことがあってよいものだろうか。

ある座標系に、荷電粒子が静止している場合を考える。磁場は存在しているが、電場はないとする。このとき荷電粒子に力は働かない。磁場の様子は磁力線で表される。この座標系で、磁力線は静止しているものと考えられる。少なくとも動いていると考える理由はない。この座標系に対して、一定速度で磁場に垂直に動いている座標系を考える。その座標系では、荷電粒子は動いているので、磁場から力を受ける。しかし、ある座標系で見て、力を受けていない物体は、それに対して一定速度で動いている座標系で見ても、力を受けているはずはない。したがって、磁場から受ける力は、何らかの力によって打ち消されるはずである。その力は電場から及ぼされるものと考えられる。つまり、磁場に垂直な速度成分を持って動いている座標系には電場が現れるのである（図27）。「磁力線を横切るとき電場が見える」と、ファラデーが言ったのは、このことを意味している。

磁力線の速度

ある座標系で、時間的に変化しない磁場があり、電場が存在しないとき、磁力線は、この座標系に対して静止しているものと考える。この座標系に静止している荷電粒子は力を受けない。

磁場に垂直な電場と共存している場合、荷電粒子が適当な速度で動けば、その荷電粒子は力を受けない。この荷電粒子と同じ速度で動く座標系の荷電粒子の位置では、電場が消え、磁場だけが存在する。この磁場の磁力線は静止していることになる。したがって、元の座標系の磁力線は、力を受けていない荷電粒子と同じ速度で動いていると考えられる。言い換えれば、その荷電粒子は磁力線にくっついて動いているのである。

磁力線の運動は、垂直成分のみが意味を持つ。磁力線方向の速度成分は、あってもなくても物理的には同じ状態である。

直線電流のまわりの磁場

磁力線は電流に垂直な平面上にあり、電流がその平面を貫く位置を中心とする同心円である。正の電荷を持つ粒子が、この電流に平行に電流と同じ向きに動くと、電流に引き付けられる向きの力

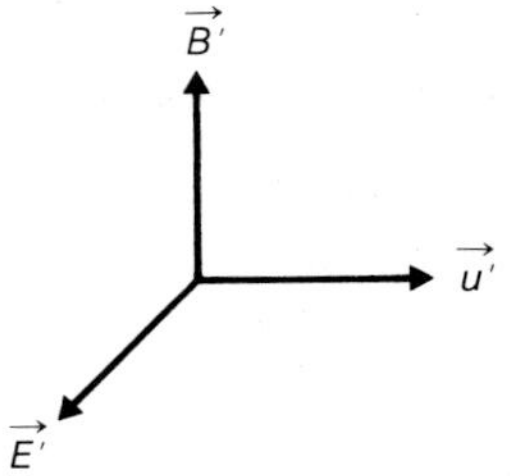

$$\vec{E'}=\vec{u'}\times\vec{B'}$$

▲図 27　磁場中を動くと電場が見える

〈コラム 21〉

磁力線の速度

電場と磁場が共存しているとき、磁力線は動いていると考えられる。その速度は次式で与えられる。

$$\vec{V}=\frac{\vec{E}\times\vec{B}}{B^2}$$

$\vec{V}$：磁力線の速度（厳密な言葉では、磁束線の速度）

$\vec{E}$：電場

$\vec{B}$：磁束密度

を受ける。

この荷電粒子と同じ速度で動く座標系では、荷電粒子は静止しているので磁場は力を及ぼさない。したがって、電流の方を向いた電場が見えなければならない。電流を中心軸とする円筒を考えると、その表面上では、至るところ中心軸の方を向いた電場があることになる。そうすると、円筒内部に電荷がなければならない。その電荷は、どこから供給されたのであろうか。その解答は、以下に示すように、アインシュタインの特殊相対論に基づいて与えられる。[1]

〈コラム 22〉

直線電流のまわりの磁場

$$B = \frac{\mu_0 \vec{I}}{2\pi r} \times \frac{\vec{r}}{r}$$

$\vec{I}$：電流

μ_0：真空の透磁率

r：電流からの距離

〈コラム 23〉

電流に平行に動く座標系で見える電場

$$\vec{E}' = \vec{v}' \times \vec{B}'$$

$\vec{E}', \vec{B}'$：動く座標系で見た電場と磁束密度

動く棒は縮む

直線電流は、正の電荷と負の電荷が直線上に分布して相対的に動く現象である。たとえば、負の電荷が静止しており、正の電荷だけが動いているものとする。このとき、電流の値は、正電荷の速度と単位長さ当たりの電気量との積で与えられる。負電荷が正電荷の電気量をちょうど打ち消していれば、電場は生じない。

この電流を正電荷と同じ速度で動く座標系で見ると、正電荷が静止し、負電荷が逆向きに動いている。相対論によれば、すべての物体の寸法は、静止しているときが最も長く、動いているときは

運動の方向に縮む。

動く座標系では、動いていた正電荷は止まる。したがって、同じ電気量を持っていた部分の長さが伸びる。そのため、単位長さ当たりの電気量つまり線密度が減少する。止まっていた負電荷は動くことになり、線密度が増加する。元の座標系では線密度は等しかったので、電流の向きに動く座標系では負電荷が現れることになる。

磁力線の回転

磁石のまわりの磁力線は、磁石を回転させるとき、いっしょに回転するであろうか。もし、磁力線が、頭に毛が生えているように、磁石から生えているものならば、いっしょに回転すると考えてもよさそうである。しかし、真空中で磁力線が回転すると考えると、以下に示すように、矛盾が生

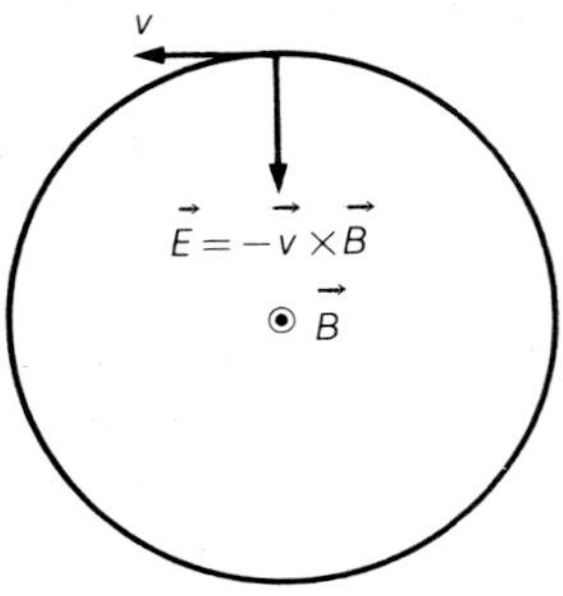

▲図 28　磁場の回転で現れる電場

じるのである。[3]

簡単のために、磁場は一様であるとする。磁場に平行な軸のまわりに、剛体が回転するように、磁力線が回転しているものとする。磁力線が、ある速度で動いているということは、その磁力線といっしょに同じ速度で動く荷電粒子が力を受けないということである。磁場中を動く荷電粒子は、前回に述べたように、ローレンツ力を受けるので、それを打ち消す電場が共存していなければならない。その電場は、回転軸の方を向き、回転軸からの距離に比例して強くなる（図28）。そのような電場の存在は、密度一様な電荷が空間に分布していることを意味する。真空中には、そのような電荷は存在しない。したがって、真空中では、磁力線は磁石が回転しても回転しない、と考えざるを得ない。単極誘導で円板を止めて磁石だけを回転させても電流を取り出せなかったのは、このためである。

参考文献

（1） 中山正敏：電磁誘導（物理学 One Point 26）、共立出版（一九八四）。
［ファラデーの日誌に関する記述など、随所でこの文献を参照した。］
（2） 青野　修：電場・磁場（物理学 One Point 2）、共立出版（一九七九）。
（3） O. Aono ; J. Phys. Soc. Jpn. **58**, 2004-2006 (1987).

6 磁石を電流でつくる

電流素片

第4章に述べたように電流のまわりにはビオ＝サバールの法則で表される磁場ができる。ビオ＝サバールの法則は電流の微小部分、つまり電流素片がつくる磁場を重ね合わせる形に表されている。しかし、電流素片のつくる磁場を調べようとして電流素片だけを取り出すと、電流そのものが消えてしまう。電流素片のつくる磁場は測定できない物理量なのであろうか。ビオとサバールは電流素片のつくる磁場をどのようにして測定したのであろうか。

例として、線分の両端に半直線をつないだ折れ線形の針金を流れる電流を考える（図29）。半直線を延長した直線上では、その半直線を流れる電流がつくる磁場は消える。したがって、二本の半直線を延長した二直線の交点では、線分を流れる電流がつくる磁場だけが残る。このようにして線分の部分を流れる電流のつくる磁場を測ることができる。線分の長さを十分短くしたものが、電流素片である（図30）。電流素片のつくる磁場がわかれば、それを重ね合わせることによって任意の電流分布による磁場を求めることができる。

　ビオ＝サバールの法則そのものが正しいことは疑いない事実であるが、電流素片がつくる磁場は物理的にどんな意味を持っているのであろうか。今でも、ビオ＝サバールの法則の解釈などについて多くの論文が提出されている。[1][2]

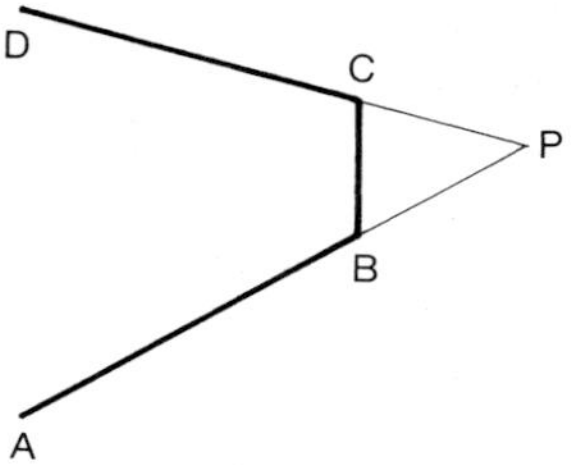

▲図 29　線分電流のつくる磁場
半直線 AB あるいは半直線 CD を流れる電流が，それらの延長線上にある点につくる磁場は，ビオ＝サバールの法則によれば，どちらも 0 である．したがって，両半直線を延長した直線の交点 P では，線分 BC を流れる電流がつくる磁場が観測される．

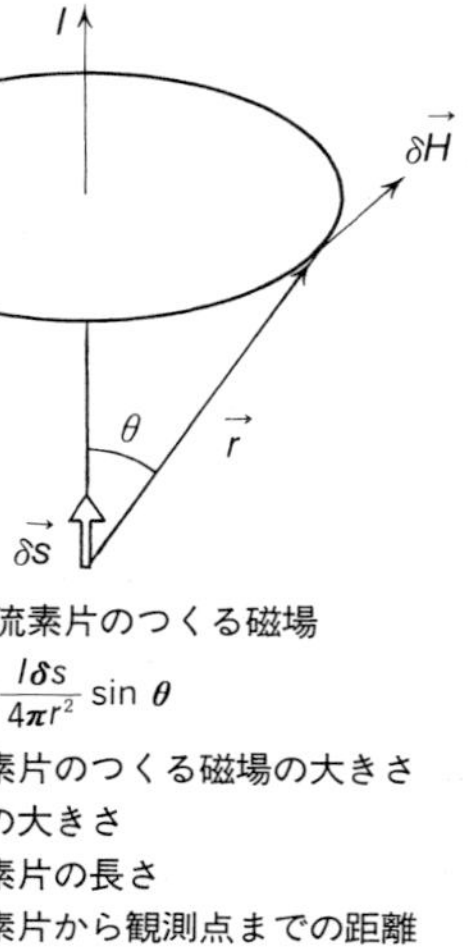

▲図 30　電流素片のつくる磁場

$$\delta H = \frac{I\delta s}{4\pi r^2}\sin\theta$$

δH：電流素片のつくる磁場の大きさ
I：電流の大きさ
δs：電流素片の長さ
r：電流素片から観測点までの距離
θ：電流の方向と観測点の方向のなす角

アンペールの法則

電流のつくる磁場は、第4章で触れたように、アンペールの法則で表すこともできる。アンペールの法則は、閉じた曲線を貫く電流が、その曲線に沿った磁場の積分に等しいという法則である。しかし、電流素片は閉曲線を貫かない。電流素片のつくる磁場にはアンペールの法則は適用できないのであろうか。もし、適用できないのならば、アンペールの法則は適用範囲の狭い特殊な法則に成り下がることになる。幸い、アンペールの法則の転落は、次のように考えれば、救われる。[2]

まず、微小な線分を考える。この線分に沿って導線があり、電流が流れているものとする（図31）。電流が導線の端で終わってしまえば、電荷が保存されないことになる。したがって、その先も流れ続けなければならない。端から流れ出した電流は、導線がないので、まわりの空間に球対称

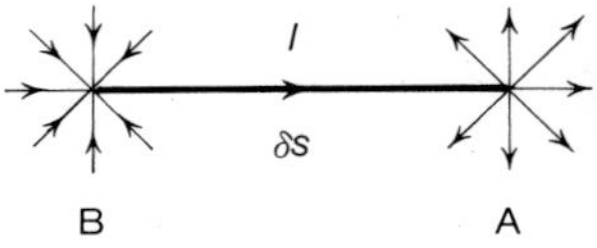

▲図 31　電流素片の電流系
BからAに向かった電流は，A端から球対称に発散し，B端へ球対称に収束する．

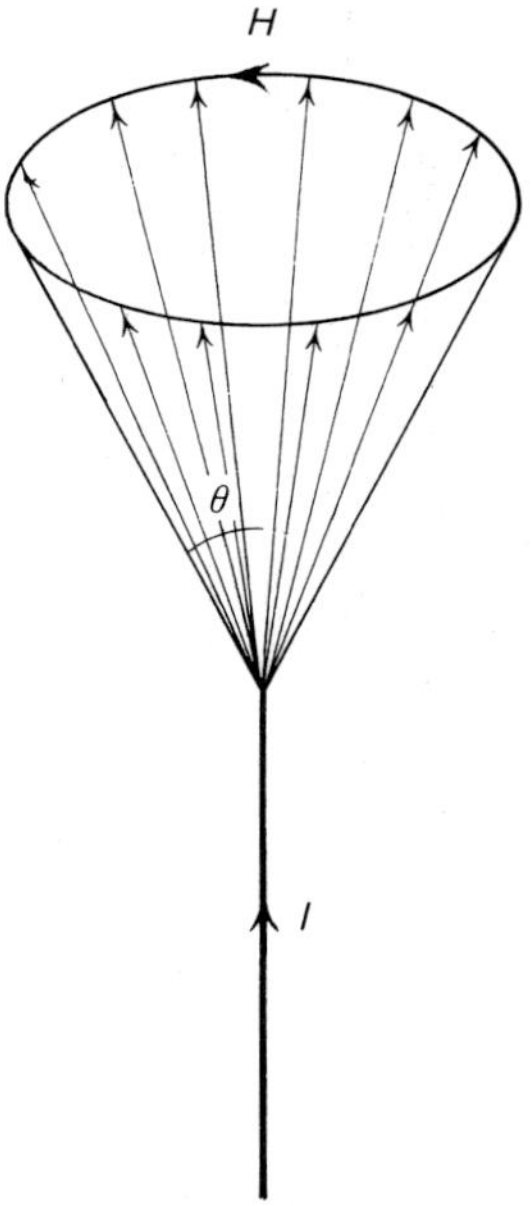

▲図 32　電流素片のまわりの磁場
磁力線は軸対称な同心円である．円を貫く電流は第3章のアルキメデスの定理を用いれば簡単に計算できる．

に発散していくものと仮定する。そのように散らばった電流が何らかの機構で、電流素片の他の端に向かって球対称に収束する。そして再び導線を通って、最初の端に向かって流れ、電流は閉じる。この電流系にアンペールの法則を適用してみる。

この系の電流分布は軸対称である。したがって、磁力線は、この軸に垂直な平面上で、軸の位置を中心とする同心円である（図32）。磁場は、この円の接線方向を向き、大きさは円上で等しい。したがって、磁場の大きさと円周の長さの積はその円を貫く電流の大きさに等しい。このようにして求めた磁場は、ビオ＝サバールの法則で求めた電流素片の磁場と一致する。

閉電流

電流素片の両端に発散収束する電流を持つ系を次々とつないでいけば、接合部で発散する電流と収束する電流とが相殺してしまう（図33）。こうして閉じた曲線をつくれば、発散収束する電流は完全に消え、閉じた電流だけが残る。閉電流は実在するので、それのつくる磁場は、アンペールの法則を用いても、ビオ＝サバールの法則を用いても、何ら問題なく計算することができる。

ビオ＝サバールの法則

アンペールの法則を用いて電流素片のつくる磁場を求めるには、素片の両端に発散収束する電流を付け加えなければならない。しかし、ビオ＝サバールの法則を適用すれば、そのような電流は、あってもなくても関係ない。一点から球対称に発散する電流も、一点に球対称に収束する電流も、ビオ＝サバールの法則を表す積分に寄与しないのである（コラム24）。しかし、それらの電流がなければ、電荷保存則が成り立たないことに注意しなければならない。

半直線

電流の流れている直線を二つに切り、一方を捨てる。残った半直線には電流が流れ続け、その切り口からは、球対称に電流が発散していくものとする。この電流系のつくる磁場は、アンペールの法則を用いて簡単に計算できる。逆に、磁場がわかれば、そこに流れている電流を計算することが

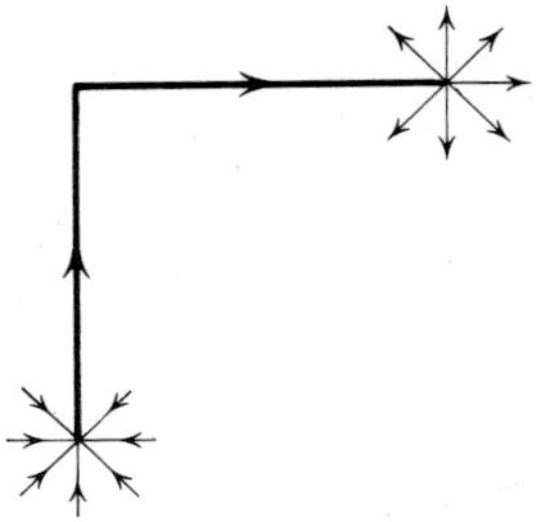

▲図33　電流素片の接続

〈コラム 24〉

原点から球対称に発散する電流のつくる磁場

$$\vec{H}(\vec{r})=\frac{1}{4\pi}\int\frac{\vec{i}(\vec{s})\times(\vec{r}-\vec{s})}{|\vec{r}-\vec{s}|^3}d\tau$$

$\vec{H}(\vec{r})$：位置 $\vec{r}$ における磁場
$\vec{i}(\vec{s})$：位置 $\vec{s}$ における電流密度
$d\tau$：$\vec{s}$ を含む体積要素

$$\vec{i}(\vec{s})=\frac{I\vec{s}}{4\pi s^3} \text{のとき}$$

I：単位時間あたりに流れ出る電荷
$I<0$ なら原点に収束する電流を表す

$\vec{H}(\vec{r})/\!/\vec{r}$，$\vec{r}\cdot\vec{H}(\vec{r})=0$
$\therefore \vec{H}(\vec{r})=0$

できる。ビオ＝サバールの法則を適用すれば、発散する電流がなくても同じ磁場が得られる。したがって、その磁場からアンペールの法則によって電流を求めれば、切り口から球対称に発散する電流が得られることになる。やはり、そのような電流が存在すると考えなければならないのであろうか。

半直線を流れて来た電流が切り口で途切れても、そこに電荷として蓄えられれば、電荷保存の法則と矛盾することはない。ビオ＝サバールの法則で計算された磁場は、このような半直線の電流がつくった磁場だと考えてもよいのではあるまいか。

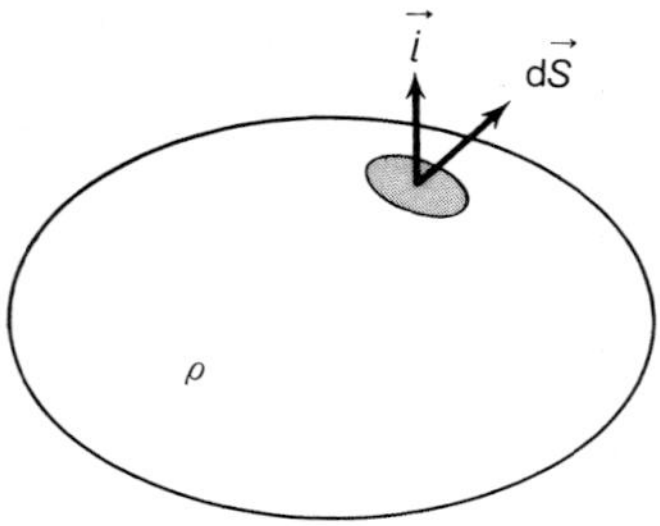

▲図 34　電気量保存の法則

$$\int \vec{i} \cdot \mathrm{d}\vec{S} + \int \frac{\partial \rho}{\partial t} \mathrm{d}v = 0$$

$\vec{i}$：電流密度

ρ：電荷密度

左辺第 1 項の積分は閉曲面の表面を通って流れ出る電流．第 2 項の積分は閉曲面内部の領域に包み込まれた電気量の増加率．

電気量保存の法則

半直線に沿って流れて来た電荷は、その終点に蓄えられると考える。この終点を、閉じた曲面で包む。中の電気量は時間的に変化し、その増加率は曲面を貫いて流れ込む電流に等しい。これが電気量保存の法則の一つの表現である。一般には、曲面を通って流れ込む電流の合計と、包み込まれた電気量の合計の増加率とが等しい（図34）。

半直線の終点に蓄えられた電荷は、球対称な電場をつくる（図35）。第2章で述べたように、ガウスの法則によれば、閉じた曲面上で電束密度の法線成分を積分すれば、その曲面内に包み込まれた電気量が得られる。したがって、電束密度の時間微分の法線成分を曲面上で積分したものは、包み込まれた電気量の増加率に等しい。

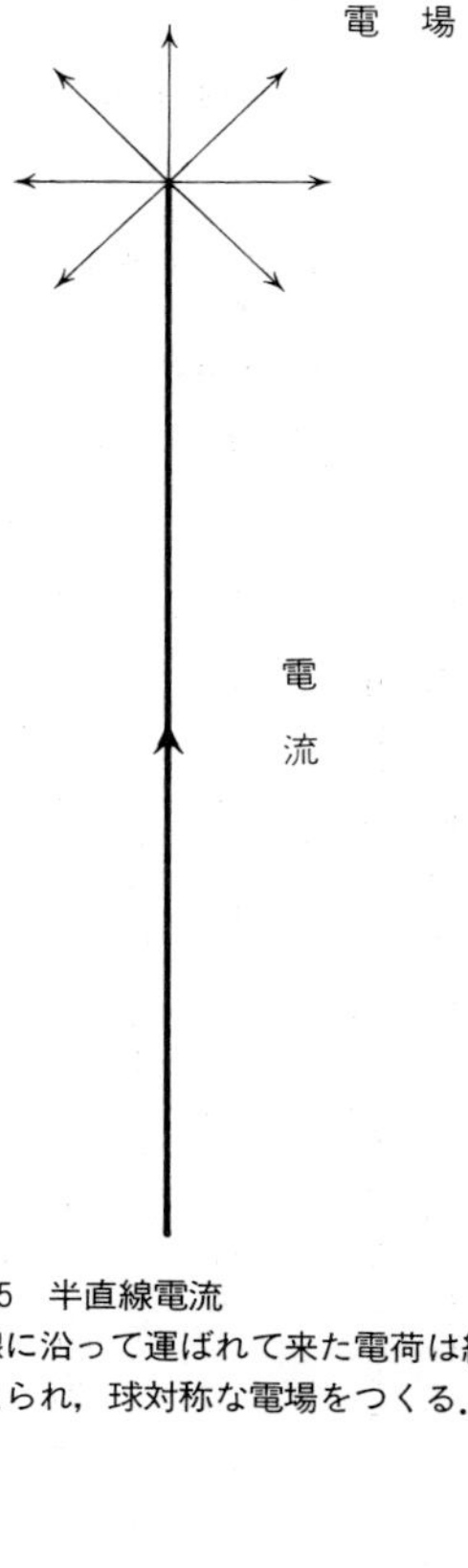

▲図35　半直線電流
半直線に沿って運ばれて来た電荷は終点に蓄えられ，球対称な電場をつくる．

磁場に関するガウスの法則

磁場は電流がつくる。閉じた曲面の表面で、この磁場の法線成分を積分すれば、ゼロになる。この法則を磁場に関するガウスの法則という。物質中では、磁場ではなく磁束密度の法線成分を積分する。真空中では、磁場と磁束密度とが比例するので、区別の必要はないのである。

電束密度を積分すると内部の電荷が得られる。したがって、磁場は、電場に似ているけれども、電荷に相当する磁荷のような量が存在しないことを意味している。この法則は、磁場が時間的に変化するときにも、そのまま成り立つ。

〈コラム 25〉

電束電流

$$\int\left(\frac{\partial\vec{D}}{\partial t}+\vec{i}\right)\cdot d\vec{S}=0$$

積分は閉曲面表面上

$\vec{D}$：電束密度

$\vec{i}$：電流密度

$\frac{\partial\vec{D}}{\partial t}$：電束電流密度

電束電流

電束密度の時間微分は電流密度と同じ次元を持つので「電束電流密度」とよばれる。電気量保存の法則とガウスの法則から電気量を消去すれば、閉じた曲面に流れ込む電流と電束電流密度の法線成分を表面上で積分した量は等しいことがわかる（コラム25）。この法則は、電流と電束電流の合計は、湧き出したり吸い込まれたりしないことを意味している。

電流が途切れても、そこから先は電束電流として流れていくものと考えればよい。半直線の終点で電流は途切れるが、電束電流になって放射状に流れ出るのである。

「磁電誘導」の法則

半直線を流れる電流のつくる磁場を、ビオ＝サバールの法則によって計算する。その磁場を閉じた曲線に沿って積分した量は、アンペールの法則によって、その曲線を貫く電流を与える。しかし、電流が半直線の終点で途切れ、電束電流として流れ出る場合には、電流ではなく、電束電流を与える。一般には、電流と電束電流との和が得られる。これはアンペールの法則を、電流や電場が時間的に変化する場合にも適用できるように拡張した法則だと考えられる。

この新しい法則は、電流が磁場をつくるように、電束電流も磁場をつくることを示している法則である。あるいは、電場が変化すると、磁場が生じるということもできる。第5章で触れたよう

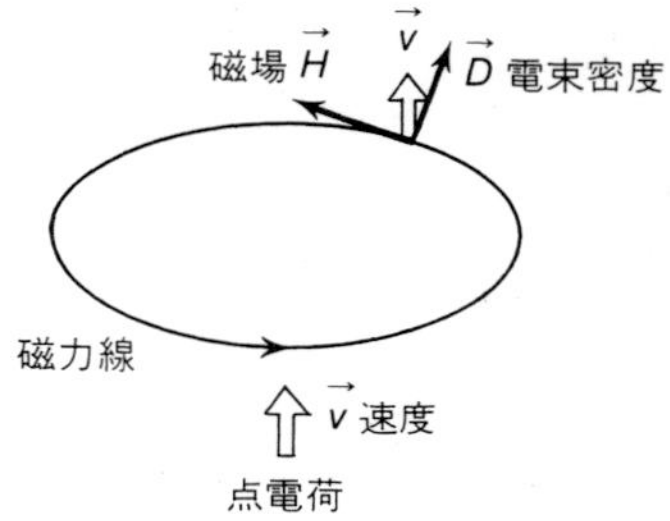

▲図 36　点電荷のまわりの磁場

〈コラム 26〉

点電荷のまわりの磁場と電束密度

$$D=\frac{q}{4\pi}\frac{\vec{r}}{r^3}$$

$$H=\frac{q}{4\pi}\frac{\vec{v}\times\vec{r}}{r^3}=\vec{v}\times\vec{D}$$

$\vec{D}$：電束密度
$\vec{H}$：磁場
q：電荷
$\vec{v}$：電荷の速度
$\vec{r}$：電荷からの位置

$$\int\vec{H}\cdot d\vec{s}=\frac{d}{dt}\int\vec{D}\cdot d\vec{S}$$

に、磁場が変化すると電場が生じるという法則は、「電磁誘導の法則」とよばれる。新しい法則は、電磁誘導の法則の電場と磁場の役割を入れ換えたような法則であるので、「磁電誘導の法則」と名付けたい[3]。

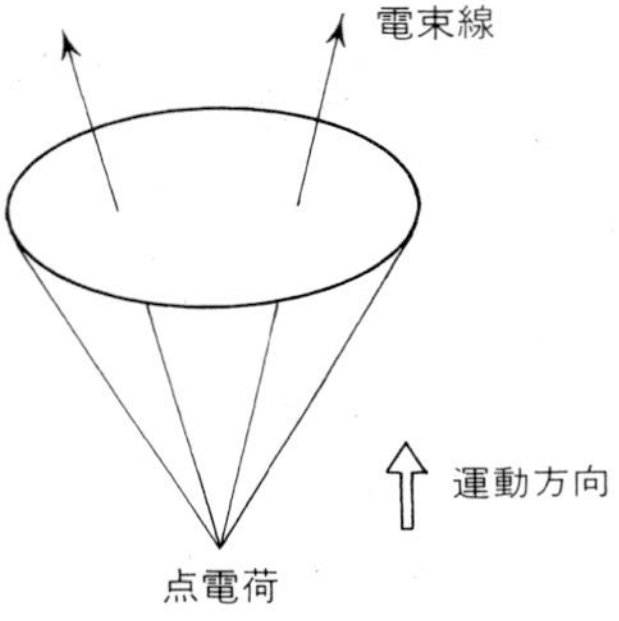

▲図 37　閉曲線を貫く電束線

点電流

点電荷が動いているとき、電荷の位置にだけ電流が存在する。そのまわりには電場のほかに磁場もできる（図36）。その磁場はビオ＝サバールの法則を用いて計算できる（コラム26）。

点電荷の運動の軌道を軸とする円筒と、軸に垂直な平面との切り口の円を考える（図37）。この円内の面上で電束密度の法線成分を積分した量を、この円を貫く電束という。電束は電荷から円周を見る立体角に比例する。電荷を閉じた曲面で囲むと、曲面を貫く電束は、ガウスの法則により、包み込んだ電気量に等しい。電荷のまわりの磁場を円周に沿って積分すると、円を貫く電束を時間で微分した量に等しいことがわかる。

円が電荷の前方はるか遠くにあるときには立体角は0で、電荷が近づくにつれて大きくなり、円の面を通過する瞬間には全立体角の半分になる。したがって、電束も電荷の半分に等しい。次の瞬間、電束密度の向きが後ろ向きになるので、電束はちょうど電荷の量だけ減少する。この瞬間、電束の時間変化は非常に大きくなる。しかし、まさにこの瞬間、電荷が円の面を通過する。したがって、電束電流と電荷が運ぶ電流との和は、連続的に変化し、磁電誘導の法則が成り立っていることがわかる。

マクスウェル方程式

磁電誘導の法則はマクスウェルによって発見された。電磁誘導の法則は「磁力線を切ると電場が見える」と表現されるが、磁電誘導の法則は「電束線を切ると磁場が見える」と表現することができる。

以上で電磁場の基本法則はすべて出そろった。それらは、次の四つの法則群である（コラム27）。

電磁誘導の法則
磁電誘導の法則
電場に関するガウスの法則
磁場に関するガウスの法則

これらの法則を表す方程式をマクスウェル方程式という。こうして、電磁気学は、マクスウェル方程式から演繹された諸法則の体系であると定義できるようになった。

〈コラム 27〉

真空中の電磁場に対するマクスウェル方程式

電磁誘導の法則

$\mathrm{curl}\,\vec{E}+\dfrac{\partial \vec{B}}{\partial t}=0$　$\vec{E}$：電場　$\vec{B}$：磁束密度

磁電誘導の法則

$\mathrm{curl}\,\vec{H}=\dfrac{\partial \vec{D}}{\partial t}+\vec{i}$　$\vec{H}$：磁場　$\vec{D}$：電束密度

電場に対するガウスの法則

$\mathrm{div}\,\vec{D}=\rho$　ρ：電荷密度

磁場に対するガウスの法則

$\mathrm{div}\,\vec{B}=0$

$\vec{D}=\varepsilon_0\vec{E}$　ε_0：真空の誘電率

$\vec{B}=\mu_0\vec{H}$　μ_0：真空の透磁率

参考文献

（1）V. Namias : Am. J. Phys. **57**, 557-558（1989）.
D. J. Griffiths : Am. J. Phys. **59**, 111-117（1991）.
（2）砂川重信：電磁気学、培風館（一九八八）九六ページ。
（3）中山正敏：電磁誘導、共立出版（一九八四）九一ページ。

7　電気は回る

電磁現象

電気や磁気に関する現象は、ありとあらゆるところで、さまざまな応用のされ方をしている。いまや電磁現象の応用なくして人類は生存することさえ不可能であろう。ざっとわが机の上を見ただけでも、電気スタンド・電話・ラジオ・電気カミソリ・カセットテープ・乾電池・ボタン電池・磁石各種・デジタル時計・電卓・ワープロ・ポケットコピー機・卓上掃除器・電動消しゴム・タイマー・卓上電磁湯沸かし器……たいして大きくもない机でも、しげしげと眺めたのは初めてだが、あまりの多さにわれながら驚いている。

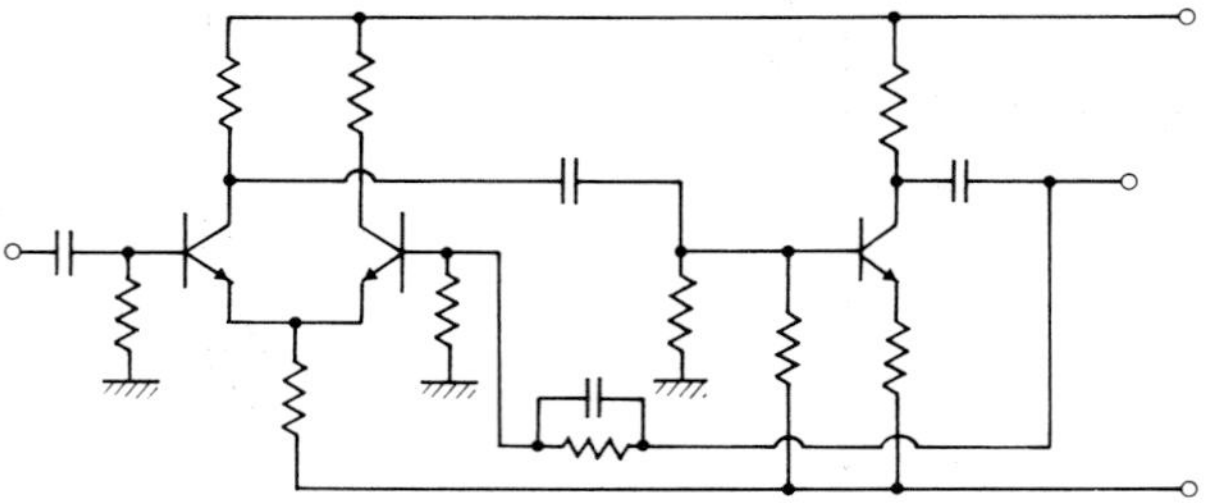

▲図 38　配線図

これらさまざまな機器がすべてマクスウェル方程式に従って作動しているのであるから、これまた驚きである。しかし、難解なマクスウェル方程式をいちいち解かなければならないとしたら、こんなにも広範な応用の道は切り開かれなかったであろう。技術者たちは、現象を方程式で表す代わりに、図形で表す方法を編み出したのである。特定の現象を理解し応用するには、方程式を解いて解を式で表すより、はるかに直観的に理解しやすいのである。その図形は配線図とよばれている（図38）。

電気回路

電気は、発電所から延々と長い電線を伝わって運ばれて来る。水が水源地から鉄管を通って流れて来るのと同じようなものであろう。ガスもガス会社からガス管を通って来る。もっともわが家では、台所の外にプロパンのボンベがあって、ゴム管を通って流れて来る。

水やガスは管の中の空間を通って流れて来るが、電線は管ではなく中身が詰まっている。しかし、電子は小さいので電線の中の隙間を通って流れると考えられる。したがって、この点で

▲図 39　水車

は水やガスとたいして違わないと思ってよいであろう。

最も大きな違いは、水道管やガス管は一本でよいが、電線は二本あるということであろう。水は使われた後いずれは下水管や溝を通って下水処理場に行き、水源地には戻らない。ガスも使われた後は、水蒸気や二酸化炭素として空気中に雲散霧消してしまい、ボンベに戻るようなことはない。しかし、電気は運ばれて来て、使われた後、捨てられることなく、発電所に戻ると考えられる。そのためというわけではないが、環境を汚染することのないクリーンなエネルギーとよばれている。電荷は発電所の発電機などの電源から流れて来てまた電源に戻る。その意味で電気の通る道は回路とよばれている。ただし、電線のうちの一本が使用前の電気がやって来る道で、もう一本が使用後の電気が戻る道だというわけではない。

水もガスも、水やガスそのものを使用するが、電気は電気そのものつまり電荷そのものを使用するわけではない。電気料を払うのは電気量を使用したからではない。電荷の流れを利用してエネルギーを使用するからである。川の流れを利用して、水車を回すような使い方をするのである（図39）。

オームの法則

針金の両端に電池の両極を接触させると電流が流れる。電流を流すための針金は導線とよばれる。導線の長さを変えると、電流は導線の長さに反比例する。電池の数を増やすと、電流は電池の数に比例する（図40）。もちろん、どちらの実験も、その他の状況は変えないという条件の下で比較しなければならない。

一般に、導体の中に電場があると電流が生じる。電場が大きくなれば、電流も大きくなる。電場がなければ、電流は生じない。つまり、電流は電場の関数として表されると考えられる。その関数

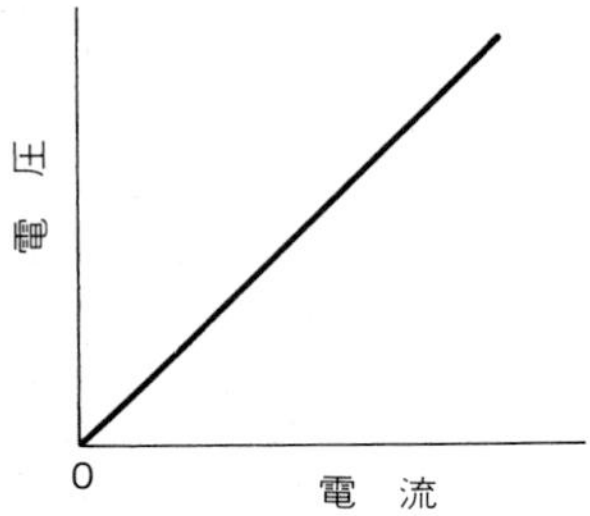

▲図 40　オームの法則
傾斜は抵抗を表す．

〈コラム 28〉

オームの法則

一般

$\vec{i}=\sigma\vec{E}$　　$\vec{i}$：電流密度
　　　　　$\vec{E}$：電場
　　　　　σ：電気伝導率

導線

$V=IR$　　$V=\ell E$　：電圧
　　　　　$I=iS$　：電流
　　　　　$R=\ell/(S\sigma)$　：抵抗

▲図 41　電磁気学の三大法則？

全世界的に物理離れが進み，必然的に物理の先生になる人も少なくなって，先生の質の低下も著しいようである．ある大学で，電流と電圧と抵抗の関係を示すオームの法則を変形して，三つの式を書き，それらの三つの式を電磁気学の三大法則だと教えていたそうである．

は独立変数の電場が0のとき、関数値は0である。したがって、電場があまり大きくなければ、電場の一次関数である。電流は太さのある導体中を流れるので、太さに依存しない関係として、単位面積当たりの電流すなわち電流密度が電場に比例することになる（コラム28）。比例定数は電気伝導率とよばれる。

　電場がどれくらいの大きさになるまで比例関係が成り立つかは、導体の性質に依存する。オームが実験した導体では、彼が制御できた電圧の範囲内で比例関係が成り立っていたのである（図41）。

量	名称	記号
電流	アンペア	A
電圧	ボルト	V
電気量	クーロン	C
磁束	ウェーバー	Wb
磁束密度	テスラ	T
電力	ワット	W
電力量	ジュール	J
周波数	ヘルツ	Hz
インダクタンス	ヘンリー	H
キャパシタンス	ファラド	F
コンダクタンス	ジーメンス	S
レジスタンス	オーム	Ω

▲表5　SI 単位（電磁気量に関する単位のうち固有の名称と記号をもつものすべて）

レジスター

電気回路の一部として使われる装置を素子という。抵抗を持つ導線などが回路の素子として使われるとき、レジスターという。抵抗器というような意味である。レジスターの両端の電圧はレジスターを流れる電流に比例する。比例定数をレジスタンス（抵抗という意味である）あるいは電気抵抗という。

電圧の単位はボルタに因んでボルトと名付けられ、電流の単位はアンペールに因んでアンペア、電気抵抗の単位にはオームの名を付けた。単位の記号はSI単位（国際単位系の単位）一覧表に示す（表5）。レジスターの記号は回路素子一覧表に示す（表6）。

ジュールの法則

一定温度に保たれた導線に電流が流れるとき、単位時間当たりに発生する熱量は電流の強さの二乗と抵抗との積に比例する（コラム29）。発生する熱量は、電流を流すために電源がする仕事に等しい。ジュールは熱量計の

記号	素子名	備考
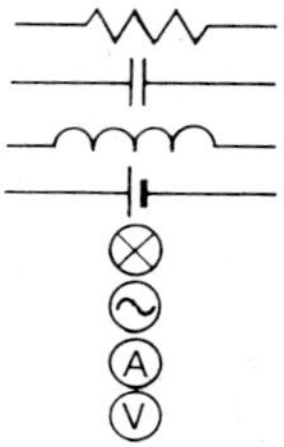	レジスター	山の数は変えてよい
	キャパシター	
	インダクター	山の数は変えてよい
	直流電源	短い方が−，太くしてよい
	電球	
	交流電源	
	電流計	
	電圧計	

▲表6　回路素子

中に導線を入れて電流を流し、熱量を測定した。

豆電球

ときどき、「豆電球では、オームの法則が成立しない。」と言う人がいる。確かに、豆電球に電圧をかけ、電流を測ると、電流は電圧に比例しない。しかし、オームの法則が成立しない、などと言われる性質のものではない。

誰でも知っているように、豆電球に電流が流れるとジュール熱が発

〈コラム 29〉

ジュールの法則

$Q = I^2 R$　　Q：導線から発生する単位時間当たりの熱量

$= IV$　　R：導線の電気抵抗

I：導線を流れる電流

V：導線に加えられた電圧

生し、フィラメントの温度が上がって、抵抗が増える。ジュール熱の発生は電圧に依存する。したがって、豆電球では、電圧と電流は比例しない。しかし、これに対して、オームの法則が成立しないと言えるのだろうか。

このような例は、数限りなくある。たとえば、溶液に溶け込むガスの質量がガスの分圧に比例するとか、一定量の気体の体積は外圧に反比例するという場合も、圧力を変えるとき温度が変わると、これらはやはり成り立たなくなる。しかしながら、この場合は、温度が変わるとヘンリーの法則やボイルの法則が成立しないなどとは言わない。

ヘンリーの法則やボイルの法則は、熱平衡状態で成り立つ。外圧や分圧を変えしばらく待つと、ほぼ自動的に熱平衡状態になり、しかも温度は室温になる。外部からエネルギーが供給されていないからである。ところが、オームの法則は、外部からエネルギーが供給される定常状態での法則である。温度は、自動的に室温に保たれるというようなことはなく、供給されるエネルギーと放出される熱量との兼ね合いで定まる。したがって、豆電球に加える電圧を変えるだけでは、温度も変わってしまい、オームの法則を確かめることはできないのである。

直列と並列

導線を二本つないで、太さは変わらず長さが二本の長さの和になった一本にするつなぎ方を直列という。一本の導線の電流の出口をもう一本の導線の入り口につなぐのである。このとき、全体のレジスタンスは各導線のレジスタンスの和になる（図42）。

同様に、電池の陽極にもう一つの電池の陰極を接触させるつなぎ方は直列である。電池を直列にすると、元の電池の陰極から、それに接触させた電池の陽極までの電圧が二つの電池の和になる。

これに対し、電池の陽極どうしと陰極どうしをつなぐつなぎ方は並列とよばれる。このとき電圧は変わらない。導線の並列も同様につなぐ。レジスターを並列にすると、全体のレジスタンスの逆数が、各レジスターのレジスタンスの逆数の和になる。

キャパシター

導体を二個接近させて置き、一方から他方に電荷を移したとする。電荷は互いに引き合うが、間には真空などの絶縁体があるので移動できない。このようにして電荷を蓄える素子をコンデンサー（蓄電器という意味である）という。コンデンサーの正電荷が蓄えられている方の極は負電荷が蓄えられている極より電位が高い。それぞれの極には、一般に異符号で絶対値の等しい電荷が蓄えられている。電気量の絶対値は、両極の電圧に比例する。比例定数をキャパシタンスという。電気容量という意味である。最近では、コンデンサーといわず、キャパシタンスを持つ素子という意味でキャパシターというようである。キャパシタンスの単位はファラデーに因んでファラド

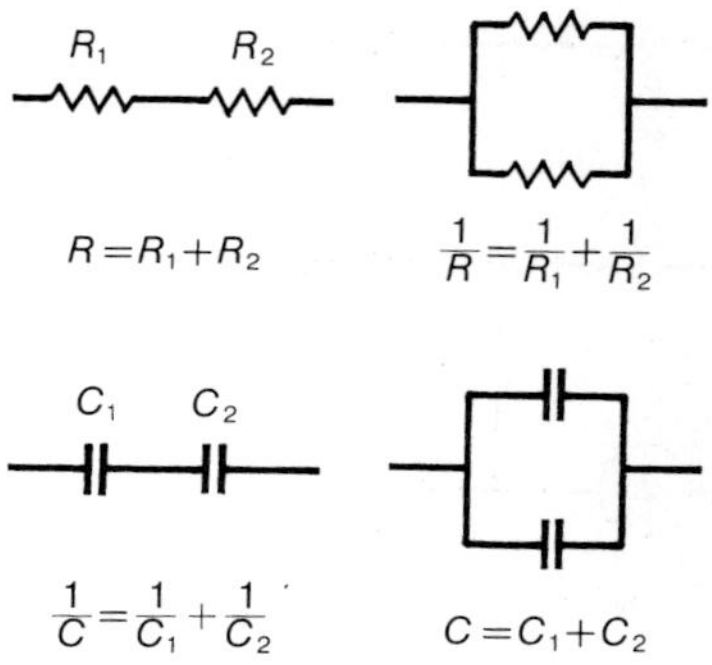

▲図 42　直列と並列

と名付けられた。

キャパシターを並列にすると、合成キャパシタンスは各キャパシタンスの和になる。直列にすると、全体のキャパシタンスの逆数が、各キャパシタンスの逆数の和になる。レジスターの接続の場合と混同しないように注意が必要である。

直列キャパシター

二個のキャパシターを直列に接続し電圧をかける。各キャパシターの両極間の電圧は、それぞれのキャパシタンスに反比例するはずである。しかし、これを実際に確かめるのは簡単ではない。キャパシターには漏れがあり、漏れの抵抗に比例する電圧が測定されてしまうからである（図43）。

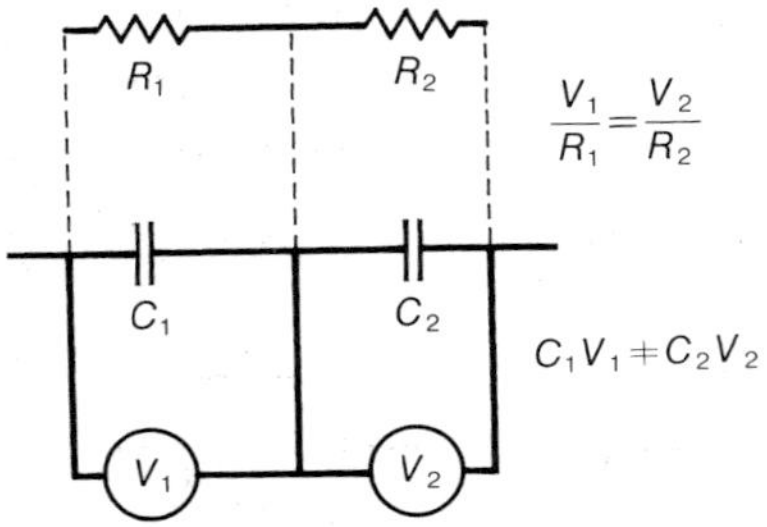

▲図43　直列キャパシター

インダクター

導線を円筒表面にぐるぐる巻き付けたようなものをコイルという。コイルに電流を流すと磁場が生じる。電流が時間的に変化すると、磁場も変化する。すると、第5章で触れたように、電磁誘導によって、電場が生じる。この電場をコイルに沿って積分すると起電圧が得られる。この起電圧を利用する素子をインダクターという。起電圧は電流の時間変化に比例する。比例定数をインダクタンスという。インダクタンスの単位は自己誘導の発見者に因んでヘンリーと名付けられた。

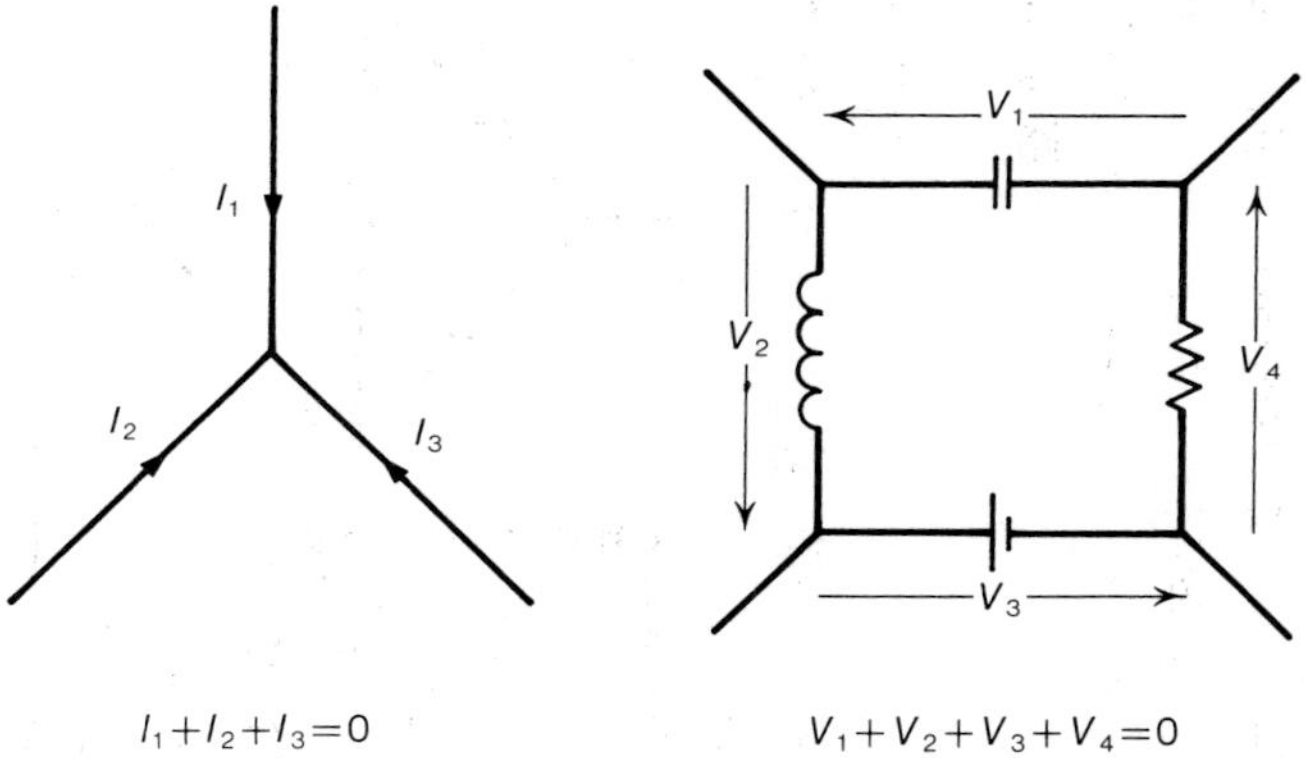

▲図 44　キルヒホフの法則

キルヒホフの法則

第一法則：枝分かれした導線があるとき、導線が交わった点（節点）における電流に関する法則。何本かの導線が一点で交わっているとき、その点に流入する電流の総和は0である。この法則は電荷保存の法則を意味する。

第二法則：網の目のように張られた回路網の中の隣り合う節点を結んでつくられた閉回路に関する法則。閉じた回路の節点間の電位差の代数和は0である。この法則は、電磁誘導の法則を表している（図44）。

デルタ・スター変換

多くの回路は直列と並列の接続によって構成されている。しかし、図のようなブリッジ回路の合成抵抗を求めたい場合、直列と並列の抵抗合成法では、間に合わない（図45）。どんな回路であっても、原理的にはキルヒホフの法則を用いれば、必要なものは何でも計

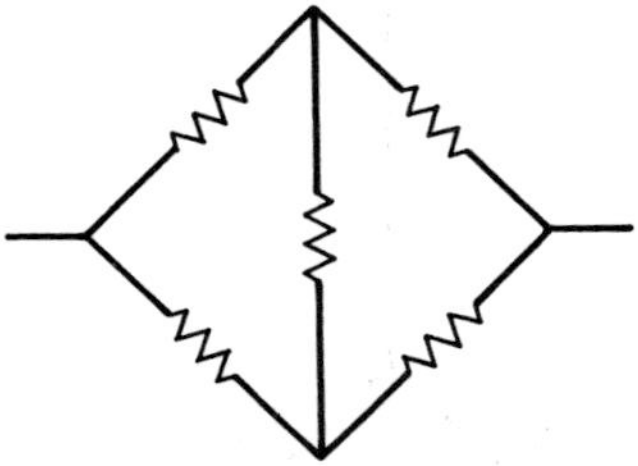

▲図 45　ブリッジ回路

算できる。実際には、もっと便利な方法がある。デルタ型の回路をスター型の回路で置き換えることができるのである（図46）。

中身の見えない箱に抵抗が接続された回路が入っており、三個の端子が付いているとする。そのうちの二つに電圧をかけ電流を測ると、それら二つの端子間の抵抗がわかる。三個の端子から二個を選ぶ選び方は三通りあるから、それら三通りの選び方で抵抗を測定する。これだけで、箱の中で抵抗がどのように接続されているかわかるだろうか。少なくとも、抵抗器の値を適当に調節してあれば、デルタ型とスター型の区別は付かない[1]。

したがって、ブリッジ回路の片側のデルタをスターで置き換えても誰も気が付かない。置き換えた回路では、合成抵抗は直列と並列の組み合わせで簡単に求められる（図47）。

交流回路

レジスターとキャパシターとインダクターを直列に接続し、交流電圧をかける。電流は周波数によって大きく変化し、共振現象を示す。この回路に流れる電流の従う方程式は、バネにつながれて速度に比例する抵抗を受ける質点の運動方程式とまったく同じ形である（コラム30）。このような簡単な方程式でも、配線図を知らずに、マクスウェル方程式から直接導き出すのはきわめて困難で

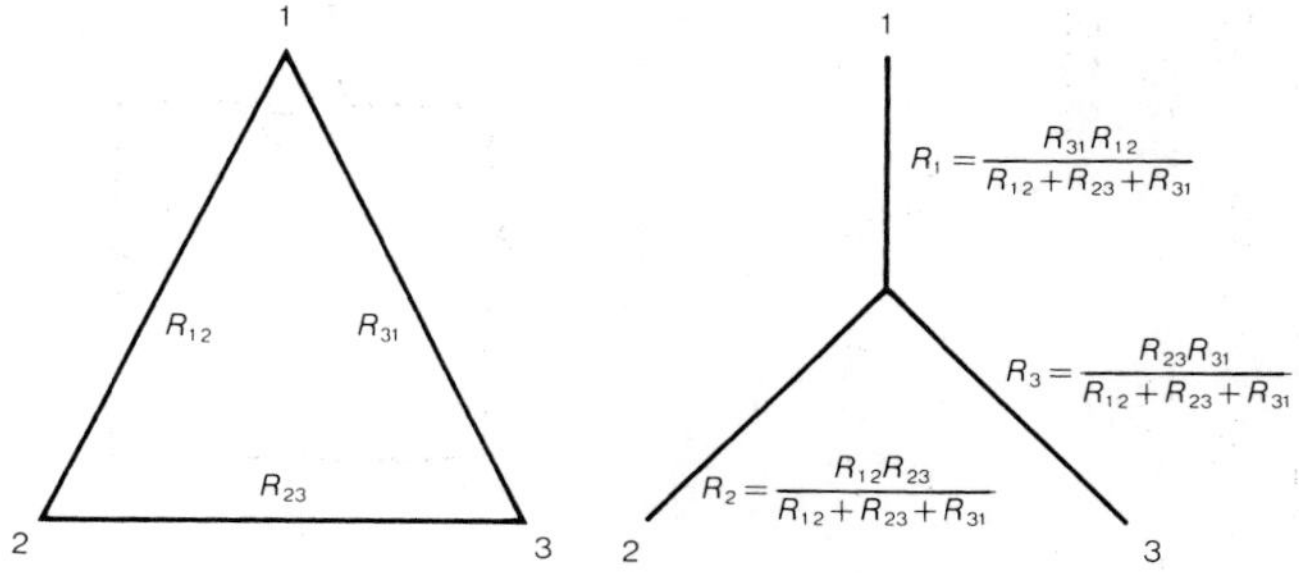

▲図 46　デルタ型とスター型

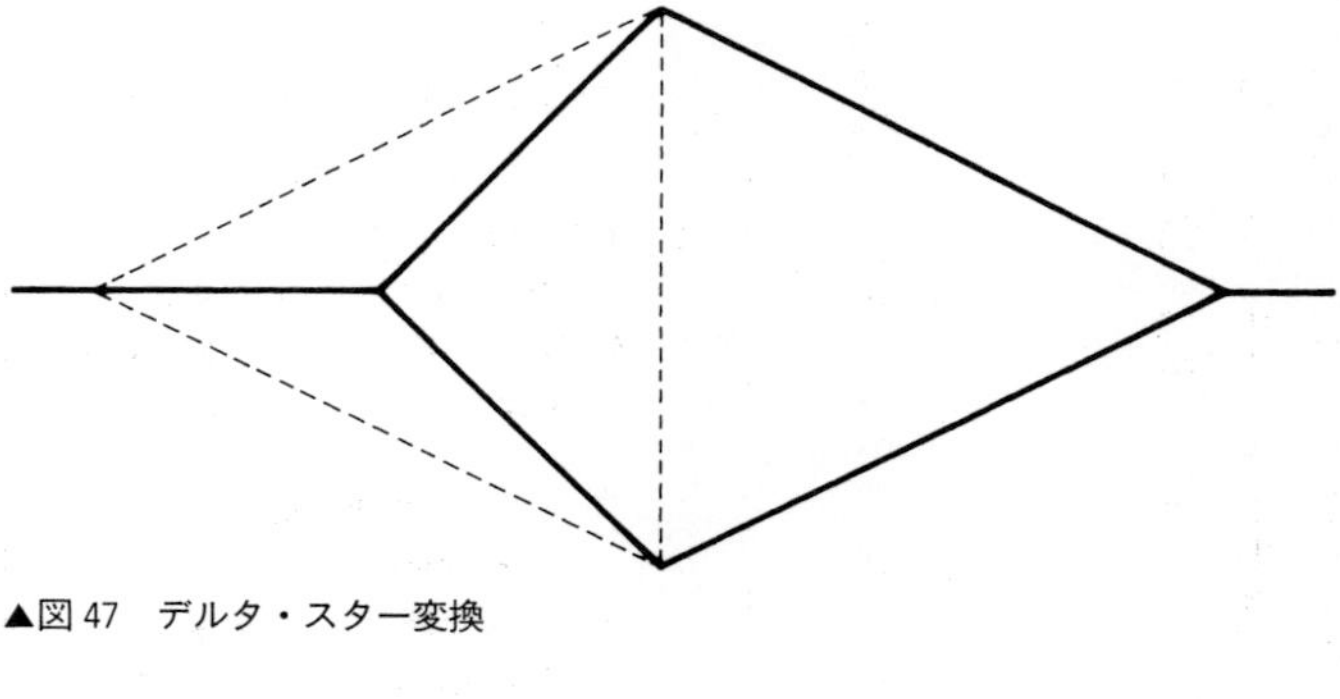

▲図 47　デルタ・スター変換

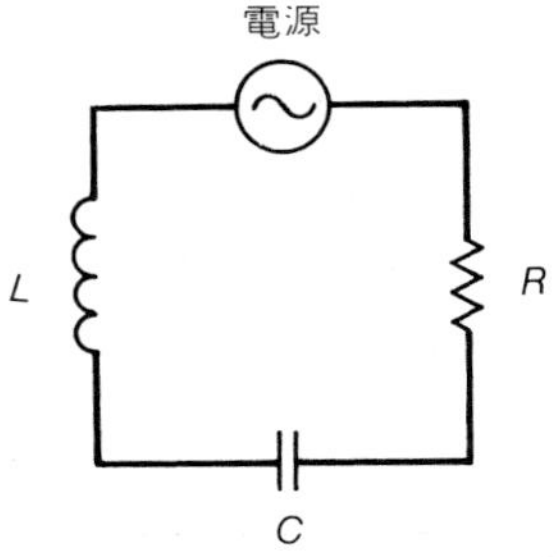

▲図48　LCR回路

あろう（図48）。配線図が考案されなかったならば、ラジオもテレビも、その他もろもろの電気製品も発明されなかったであろう。

血糖値

血液中のブドウ糖濃度を血糖値というが、その血糖値は多くのホルモンの関与によって調節され恒常性が保たれている。つまり、濃くなると薄めようとする作用が働き、薄くなると濃くする作用が働く。したがって、血糖値は振動している。食事や注射で血糖値が上がると、振動しながら最適

〈コラム 30〉

交流回路

$LI''+RI'+C^{1}I=V'$

I：電流　L：インダクタンス

R：レジスタンス　C：キャパシタンス

V：電圧

強制振動

$mx''+\gamma x'+kx=F$

x：ばねの伸び　m：質量

$\gamma x'$：速度に比例する抵抗力

k：ばね定数　F：外力

血糖値の振動

$g''+2\gamma g'+\omega^2 g=f$

g：血中糖濃度　γ, ω：定数

f：食事や注射などによる血中糖濃度への影響

′は時間で微分することを意味する。

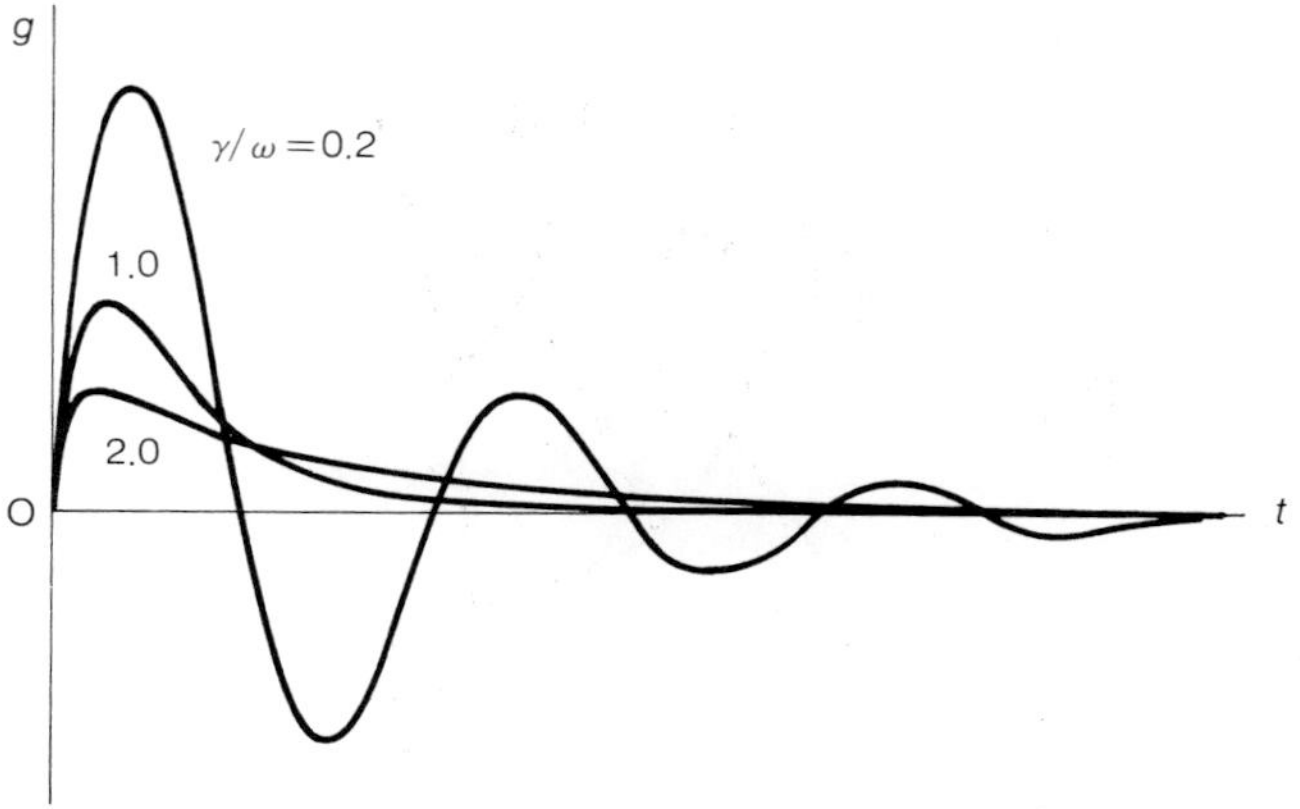

▲図 49　血糖値の減衰

値に近づく（図49）。血糖値が従う方程式は、減衰振動の方程式である。(2) 振動の周期は、個人差も測定誤差も大きいが、健康な人で四時間以下、軽い糖尿病患者で四時間以上という結果が得られている。

図形と数式

複雑な数式を図形で表す方法は、配線図に限らず、多くの分野で用いられている。古くは、不完全気体の状態方程式を導くために用いられたクラスター積分がある。(3) 最近でも用いられているものに、不可逆過程の熱力学を網目様の図形で表す方法がある。(4)

最も有名な図形は、理論物理学を視覚化したといわれるファインマン・ダイヤグラムであろう(5)（図50）。この発明によって、それまでの計算法では数ヵ月もかかった計算も、間違う可能性がほとんどなしに一日くらいでできるようになった。また、論文の図だけを眺めれば、読まなくても、論文でどのような計

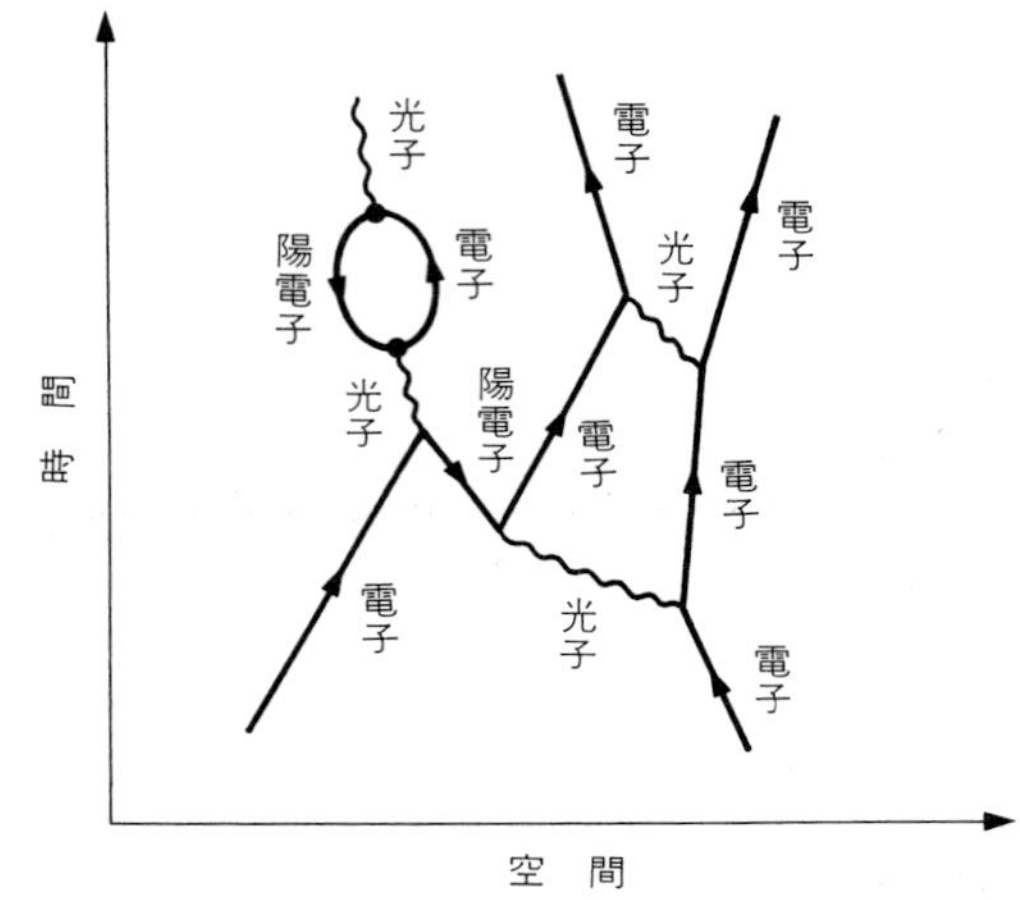

▲図50　ファインマン・ダイヤグラム

算がされているのかがわかるようになった。

参考文献

(1) 久村富持：電流と回路（物理学 One Point 4）、共立出版（一九七九）。

(2) 青野 修・大野宏毅：力学入門、サイエンス社（一九八四）九六ページ。

(3) J. O. Hirschfelder, C. F. Curtis, R. B. bird: *Molecular Theory of Gases and Liquids* (John Wiley, New York, 1954) p. 148.

(4) G. F. Oster, A. S. Perelson, A. Katchalsky: Quart. Rev. Biophys. **6**, 1-134 (1973).［今井雄介 他訳：回路網熱力学、喜多見書房（一九八〇）］

(5) 原 康夫：さようならファインマンさん（パリティ編集委員会編）、丸善（一九九〇）一六九ページ。

8　電気の波と磁気の波

電磁波

前に述べたように、磁束密度が変化すると電場が生じ、電束密度が変化すると磁場が生じる。したがって、電場だけの波あるいは磁場だけの波というような現象は存在しない。しかし、一八六〇年代にマクスウェルが理論的に示したように、電場と磁場とが互いに他に変わりながら波となって伝わることは可能である（図51）。その波は電磁波とよばれ、波の速さは光の速さと一致する（コラム31）。そればかりではなく、マクスウェルの電磁波によって光の性質が完全に説明され、光学は電磁気学にその一分野として吸収されることになった。電磁波の存在は、二〇年余り後にヘルツ

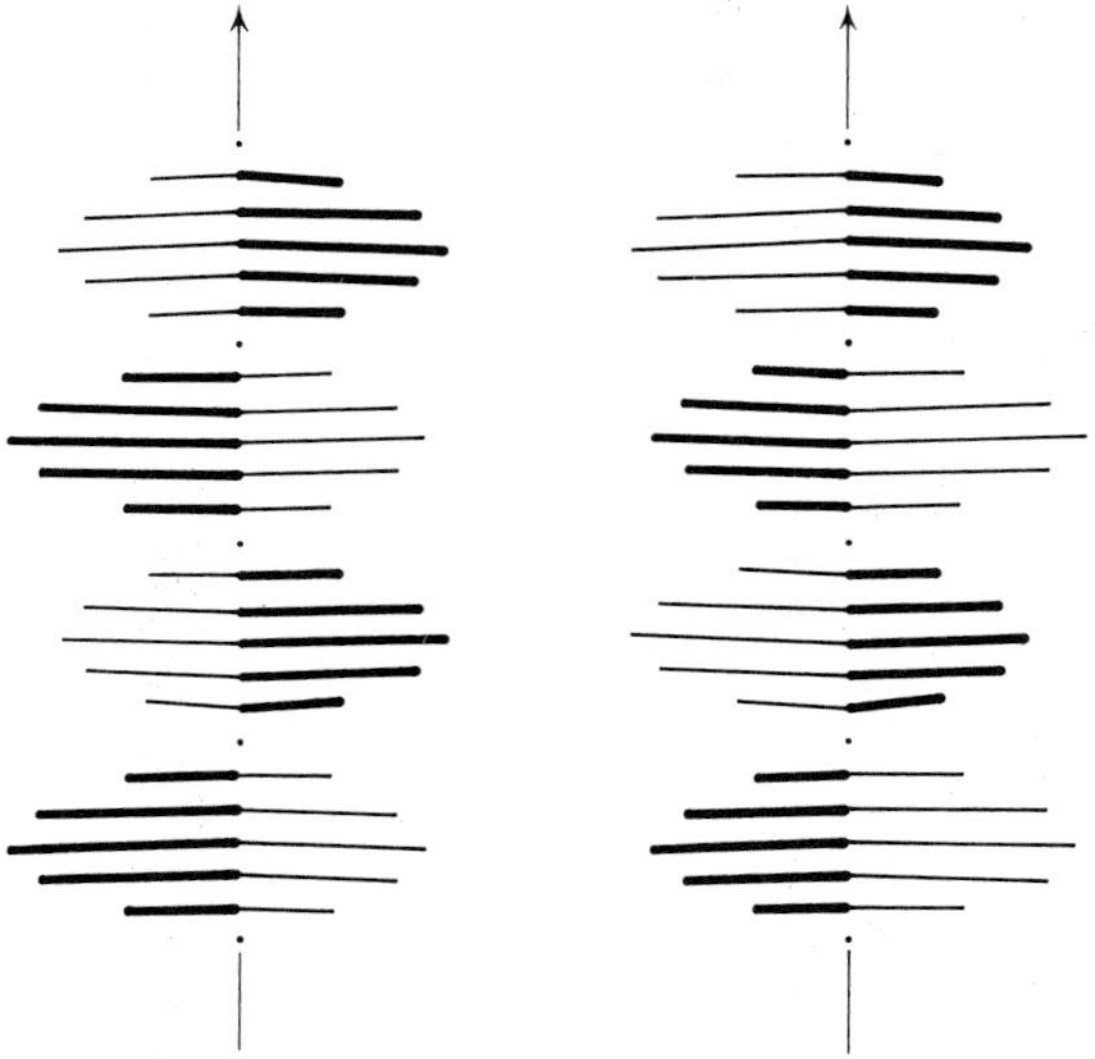

▲図 51　電磁波の電場と磁場と進行方向（立体図）
左側の図を右目で，右側の図を左目で見て，頭の中で合成すると立体的に見える．太線：電場，細線：磁場，矢印：進行方向．

〈コラム 31〉

電磁波の速さ

磁束密度$\vec{B}$が速度$\vec{V}$で動くと、
電場$\vec{E}$が見える：

$$\vec{E}=-\vec{V}\times\vec{B}$$

電束密度$\vec{D}$が速度$\vec{V}$で動くと、
磁場$\vec{H}$が見える：

$$\vec{H}=\vec{V}\times\vec{D}$$

$\vec{V}\perp\vec{B}$，$\vec{V}\perp\vec{D}$として
真空中の電束密度と電場、
磁束密度と磁場の関係

$$\vec{D}=\varepsilon_0\vec{E},\ \vec{B}=\mu_0\vec{H}$$

を代入すると、
電磁波の速さVが得られる：

$$V=(\varepsilon_0\mu_0)^{-1\ 2}$$

によって検証された。

エーテル

一般に、波は媒質中を伝わる。光を伝える媒質はエーテルと称され、宇宙空間に満ち満ちて絶対静止系を規定すると想像されていた。エーテルとは、元来はギリシャの自然学における概念であった。月より下の世界を構成する空気、土、水、火に対して、天体の世界を構成する霊気のようなものがエーテルとよばれた。この着想は近代の自然科学者にまで引き継がれている。

特に波動光学では、波動を支える媒質として、物理学的実体であると考えられるに至った。こうして、電磁波の速度はエーテル中を伝搬する速度だと見なされた。エーテルに対して運動している座標系で電磁波の速さを観測すれば、座標系の速度に依存する値が得られるものと考えられていた。

ガリレイ変換

ニュートン力学の範囲内では、絶対静止系と、それに対して一定速度で運動している座標系とを区別する法則はない。それらの座標系は慣性座標系あるいは簡単に「慣性系」とよばれている（図52）。二つの慣性系の座標はガリレイ変換で結ばれる（コラム32）。ニュートンの運動方程式はガリレイ変換で不変である。

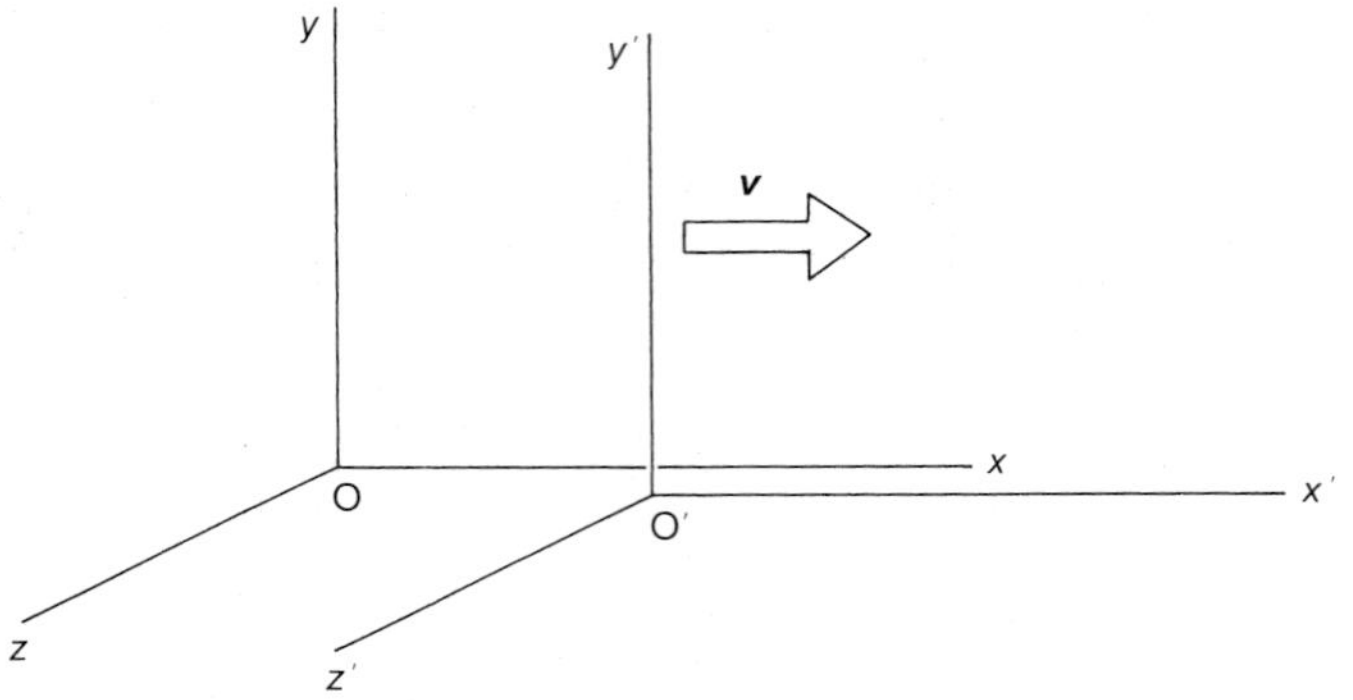

▲図 52　慣性座標系
慣性系（x, y, z）の x の方向に，速度 v で動く慣性系（x', y', z'）.

〈コラム 32〉

ガリレイ変換

慣性座標系(x, t)に対し、
x軸の正の向きに速度vで動く
慣性座標系(x', t')の関係

$$x' = x - vt$$
$$t' = t$$

〈コラム 33〉

ローレンツ変換

慣性座標系(x, t)に対し、
x軸の正の向きに速度vで動く
慣性座標系(x, t')の関係

$$x' = (x - ct\beta)\gamma$$
$$ct' = (ct - x\beta)\gamma$$
$$\gamma = (1 - \beta^2)^{-1/2}$$
$$\beta = v/c$$
c：真空中の光速

特殊相対性原理

アインシュタインは、ニュートンの力学とマクスウェルの電磁気学とが厳密には両立していないことに着目し、電磁現象を含めても、慣性系を互いに区別することはできないという原理を打ち立てた。その原理に従って、三次元空間と一次元の時間とをまとめた四次元時空を導入し、力学と電磁気学とを両立させることのできる理論を発表した（一九〇五年）。四次元時空

動く棒は縮む	$l=l_0\ (1-\boldsymbol{\beta}^2)^{1/2}$ l_0：S_0 の x 軸上に静止している棒の長さ
動く時計は遅れる	$T=T_0\boldsymbol{\gamma}$ T_0：S_0 に静止している時計で測定した時間の長さ
速度の合成	$w=(u+v)/(1+uvc^{-2})$ u：S_0 で x 方向に動く速度
質量	$m=m_0\boldsymbol{\gamma}$ m_0：S_0 に静止した粒子の質量
エネルギー	$E=mc^2$

▲表7　特殊相対論の成果
慣性系 S に対し慣性系 S_0 は x 方向に速度 v で動いている．左辺は慣性系 S で測定した量．
$\boldsymbol{\beta}=v/c$　　c：真空中の光速度
$\boldsymbol{\gamma}=(1-\boldsymbol{\beta}^2)^{-1/2}$

の座標変換はローレンツ変換で与えられる（コラム33）。これが特殊相対性理論である。形式的には、マクスウェル方程式はそのままの形で残り、ニュートンの運動方程式が修正を受けることになった。

特殊相対性理論の功績は、時空の概念を統一したことにある。これによって、物理学的世界観は質的な飛躍を遂げた（表7）。

光

電磁波にはさまざまな性質のものがある。それを波長の短い方から長い方へ順に並べて分類する（表8）。その中で、目に感じる電磁波を可視光線あるいは単に光という。紫外線や赤外線も光ということがある。その他の波長領域の電磁波を光ということもあるが、波長が可視光線領域から遠ざかるにつれて、光と称する頻度は減少するようである。

波長領域	色
800 nm 640 590 550 490 430 380	赤 橙 黄 緑 青 紫

▲表 9　色
可視光線の限界や色の境界には個人差がある

波長領域	名称
～10 pm 以下	γ線
1 pm～10 nm	X 線
1 nm～400 nm	紫外線
380 nm～800 nm	可視光線
750 nm～1 mm	赤外線
～0.1 mm 以上	電波

▲表 8　電磁波

色

人間の目は、可視光線の波長の違いを色の違いとして感じる（表9）。波長の限界や色の境界には個人差がある。昔、筆者が学生だったとき、教授が線スペクトルの赤い輝線を示しながら、「（太平洋戦争の）敗戦（一九四五年）直後の学生たちには、この線は見えなかった」と説明して下さったことが妙に印象に残っている。

日本では、虹は七色と言われているが、通常は三色ぐらいしか見えないであろう。虹は二色という国もあるそうである。本来の日本語には、色を指す言葉は「あか」と「あお」しかなかったそうである。明るい色が「あか」で暗い色が「あお」である。アメリカでは、六色とされている（表9）。イギリスの小学校では七色と教えているそうである。ニュートンの著書『光学』には七色があげられている。これが、ヨーロッパの小学校で虹は七色と教える出発点になったのではないかと考えられている[1]。

目

人間の目に入った光は網膜に当たり、網膜を構成する細胞を興

神経興奮	感覚	黒	赤	緑	青	黄	青緑	紫	白
赤錐状体		×	○	×	×	○	×	○	○
緑錐状体		×	×	○	×	○	○	×	○
青錐状体		×	×	×	○	×	○	○	○

錐状体が
○：興奮する
×：興奮しない

▲表 10　三原色

奮させる。この興奮が脳に伝えられて、光を感じるのである。網膜には、細長い杆状体と短くて太い錐状体とがある。杆状体は明暗を感じるが、色は区別できない。錐状体は色を感じる。網膜の中心には錐状体だけがあり、周辺に近付くにつれて杆状体の割合が増え、周縁には杆状体だけが存在する。

錐状体は弱い光には敏感ではない。そのため、月光の戸外の風景は墨絵の世界である。月光は杆状体を興奮させるには十分の強さであるが、錐状体はほとんど興奮しないのである。

三原色

古くから知られているように、赤と緑と青の三色の光を種々の割合で混合すれば、その他の多くの色の感覚が得られる。このことから、一九世紀中頃になると、錐状体には、三種類あって、これら三色の光のどれか一つずつを感じているのではないかと考えられるようになった。三種類の錐状体の興奮の仕方によって、さまざまな色の違いが感じられるというわけである。たとえば、三種類の錐状体が三つとも刺激されると白の感覚が得られる。黄色の波長の光が錐状体を照らすと、赤に感じる錐状体と緑に感じる錐状体の二種類の錐状体が同時に興奮する。したがって、逆に赤の波長の光と緑の波長の光が同時に目に入ると、黄色の波長の単一の光が入ったときと同じ感覚が得られることになる（表10）。

今では、個々の錐状体が光にどのように反応するかを測定することができる。実際に、錐状体に三種類あって、それぞれは光に対する反応が異なることが見いだされた。それぞれの錐状体は、ある波長領域の色に感じるが、特定の色に特に敏感である。特定の色とは、緑と青と黄の三種類である。これらは赤緑青の三原色とは一致しない。しかし、黄色に感度の最大値がある錐状体は、赤にも非常に敏感であるが、緑や青に最も敏感な錐状体は、どちらも赤にはほとんど感じない。したがって、三原色を改めなければならないというほどの不一致ではない。

色覚異常

ある種の色を区別できない人を色盲という。ある人は、赤と緑の区別がほとんどできない。黒と灰色と白しか見えない人もいる。日本人の男性では二〇人に一人、女性では二〇〇人に一人が何らかの先天性色覚異常を持っている。その多くは遺伝による。両親が血族結婚の場合に多く見られる。

カラーテレビ

カラーテレビの画面には、三種類の点が七〇万以上も並んでいる。赤く光る点と緑に光る点と青く光る点である。三本の電子線が、画面の奥から飛んで来る。三本の電子線が三種類の点をすべて光らせれば、白く見える。電子線が赤と緑の点に当たり、青に当たらなければ、画面は黄色に光る。色の違いは三本の電子線の相対的強さを変えることによって得られる。カラーテレビの装置が白黒の信号を受け取ると、三本の電子線は互いに等しい強さで、三種類の点を、ほぼ等しい明るさに光らせる。

光は波か

光は波としての性質を持っている。しかし、粒子と考える方が都合のよい現象もある。以下で、その例をいくつか調べてみる。

光電効果

金属表面に光を当てたとき、その振動数がある値より大きいと、金属の表面から電子が飛び出す現象がある。このようにして出て来た電子を光電子とよぶ。飛び出して来る電子の運動エネルギーの最大値と光の振動数には直線的な関係(図53)があって、「アインシュタインの関係式」とよばれる式で表される。アインシュタインの関係式を確かめたのは、ミリカンである。

金属に光を当てると帯電することは、一八八七年にヘルツによって発見されていた。この現象は「光電効

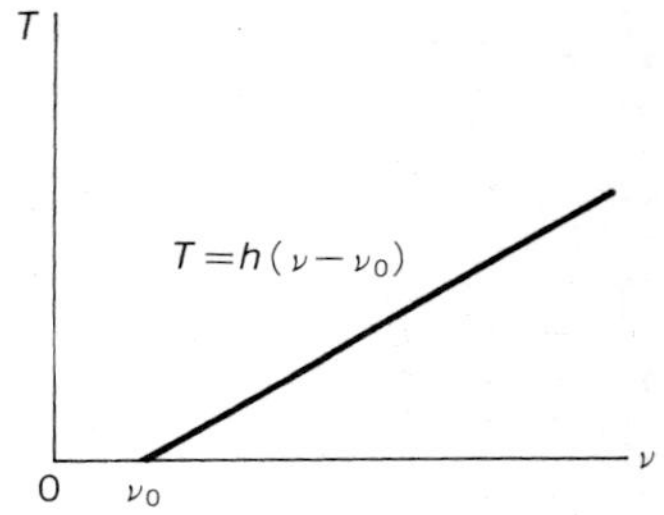

▲図 53 アインシュタインの関係式
T：光電子の運動エネルギー
h：プランク定数
ν：光子の振動数
$h\nu_0$：仕事関数

果」とよばれる。電子という粒子の存在は、陰極線のふるまいから、トムソンによって確認された。

金属中の自由電子を、金属外に取り出すために必要なエネルギーは仕事関数と名付けられている。電子をたたき出すことのできる光の振動数には下限があること、あるいは光の強度を増すと光電子の運動エネルギーは増えずに光電子の数が増えるなどの現象は、光を普通の波動だと考えたのでは説明することが困難である。

この現象を説明するためには、光は波動であると同時に、振動数に比例するエネルギーを持つ粒子の性質も持っていると考えればよい。この説明は一九〇五年にアインシュタインによって提出された。アインシュタインは、この業績によって一九二一年のノーベル物理学賞を受けた。このような粒子としての光のことを光子とよぶ。

光化学反応

夜空を見上げると、星がきらめいている。視覚は、光が目に入り、網膜中のレチナールという物質を励起することによって生じる。星からの光のエネルギーは、一等星でおよそ一〇ナノワット毎平方メートルである（単位の接頭語については表11を参照）。レチナール分子の断面積は一平方ナノメートルであるから、星から受けるエネルギーは、単位時間あたりおよそ一億分の一アトワットである。したがって、励起エネルギー一〇分の一アトジュールを受け取るまでに、千万秒も時間がかかる。これは数カ月である。目を開けてから何カ月も待たなければ星が見えないというわけである。実際には、目を開けた途端に星は見える。

光化学反応は、光のエネルギーが連続的なものではなく、光子とよばれる塊として吸収放出されるものとすれば、他の現象とも矛盾せず、納得できる。たとえば、波長五〇〇ナノメートルの緑色光ならば、振動数は六〇〇テラヘルツである。光子のエネルギーは一〇分の四アトジュールである。したがって、この光子は一個で、レチナール分子の励起に充分なエネルギーを持っている。

コンプトン効果

電子にX線を当てると、電子は跳ね飛ばされ、X線も散乱され、しかも振動数も変わる（図54）。この現象はX線を波だと考えると説明不能である。

X線も電子も粒子だとして、これらの粒子の二体衝突において、運動量と運動エネルギーが保存

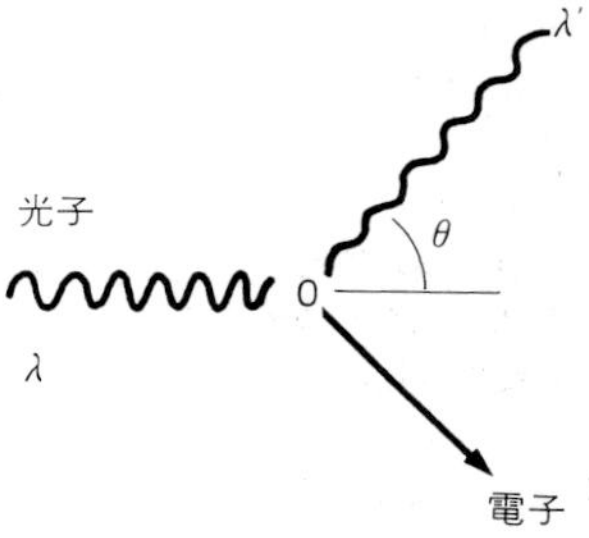

▲図 54　コンプトン散乱

接頭語	記号	大きさ
エクサ	E	10^{18}
ペタ	P	10^{15}
テラ	T	10^{12}
ギガ	G	10^{9}
メガ	M	10^{6}
キロ	k	10^{3}
ヘクト	h	10^{2}
デカ	da	10^{1}
デシ	d	10^{-1}
センチ	c	10^{-2}
ミリ	m	10^{-3}
マイクロ	μ	10^{-6}
ナノ	n	10^{-9}
ピコ	p	10^{-12}
フェムト	f	10^{-15}
アト	a	10^{-18}

▲表 11　単位の接頭語

〈コラム 34〉

コンプトン効果

$$\lambda' - \lambda = \frac{h}{mc}(1-\cos\theta)$$

λ：入射X線の波長

λ'：散乱されたX線の波長

θ：X線の散乱角

h：プランク定数

m：電子の質量

c：真空中の光速

〈コラム 35〉

プランクの熱放射法則

$p(\nu)d\nu$：振動数がνから$\nu+d\nu$までの範囲にある電磁波のエネルギー密度

h：プランク定数

β：$(kT)^{-1}$

k：ボルツマン定数

T：絶対温度

$$p\,d\nu = \frac{8\pi}{c^3}\frac{h\nu\exp(-\beta h\nu)}{1-\exp(-\beta h\nu)}\nu^2 d\nu$$

この式は1900年に得られ、量子論の端緒となった有名な式である。

されるという条件のもとで、散乱角とエネルギーの関係を求めることができる（コラム34）。その関係は、実験値とよく一致した。

空洞放射

電磁波を完全に吸収する物質でつくられた壁で取り囲まれた空洞を考える。空洞の中では、壁から放射された電磁波が、空洞の中を通って向こう側の壁に吸収される。十分長い時間がたてば、放

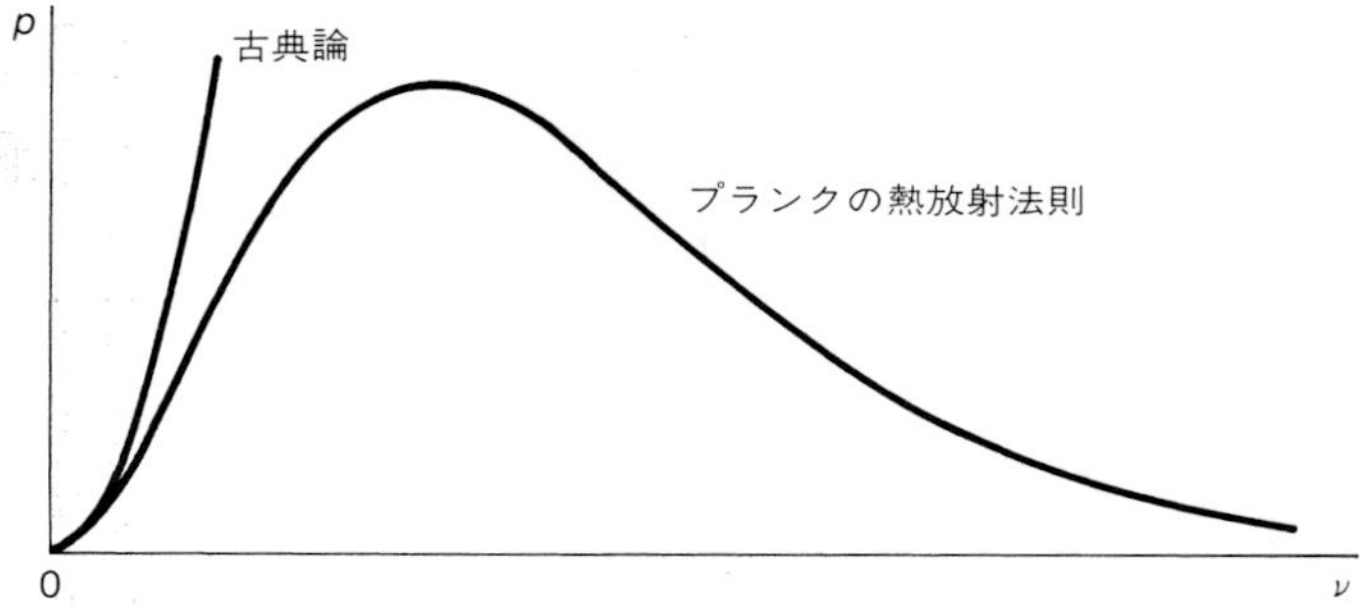

▲図 55　空洞放射のスペクトル

射と吸収とがつり合って、熱平衡状態に達する。このとき、電磁波を単なる波だとして空洞内部の熱放射のエネルギーを計算すると、無限大になってしまう。もちろん、これは事実に反し、何か間違いがあることは確かである。

プランクは、電磁波を単なる波だと見なしたのが間違いの元だと考えた。電磁波のエネルギーは不連続で、振動数に比例する一定エネルギーの整数倍の値だけをとりうると仮定すれば、うまくいくことを示した（図55、コラム35）。つまり、電磁波を、ある定数を振動数にかけたエネルギーを持つ粒子のようなものだと考えたのである。その定数は、現在「プランク定数」とよばれている。この考え方から、間もなく量子論が誕生することになった。

宇宙空間では温度が三ケルビンの等方的な熱放射が観測される。これは宇宙の初期に存在していた高温の熱放射が膨張により冷えた名残だと考えられている。原始宇宙の火の玉模型を裏付ける強力なデータである[2]。

参考文献

（1）　鈴木孝夫：日本語と外国語、岩波書店（一九九〇）五九ページ。
（2）　方　励之：宇宙のはじまり、講談社（一九九〇）一四九ページ。

9　光子工場

電磁波の発生

電磁波は、波の性質をもっている。また、第8章で触れたように、波だとすると説明がつかない現象もある。いずれにしろ、正しくは、量子論に基づいて説明しなければならない。しかし、マクスウェルの方程式に従う波だと考えて、十分正確に説明できる現象も多い。その例として、電磁波をどのようにして発生させるかという問題を考える。

電磁波は、電場と磁場の時間的な変化が伝わる現象である。したがって、荷電粒子や磁石が慣性系に静止しているだけでは、電磁場は時間的に変化しないので、電磁波は発生しえない。また、等

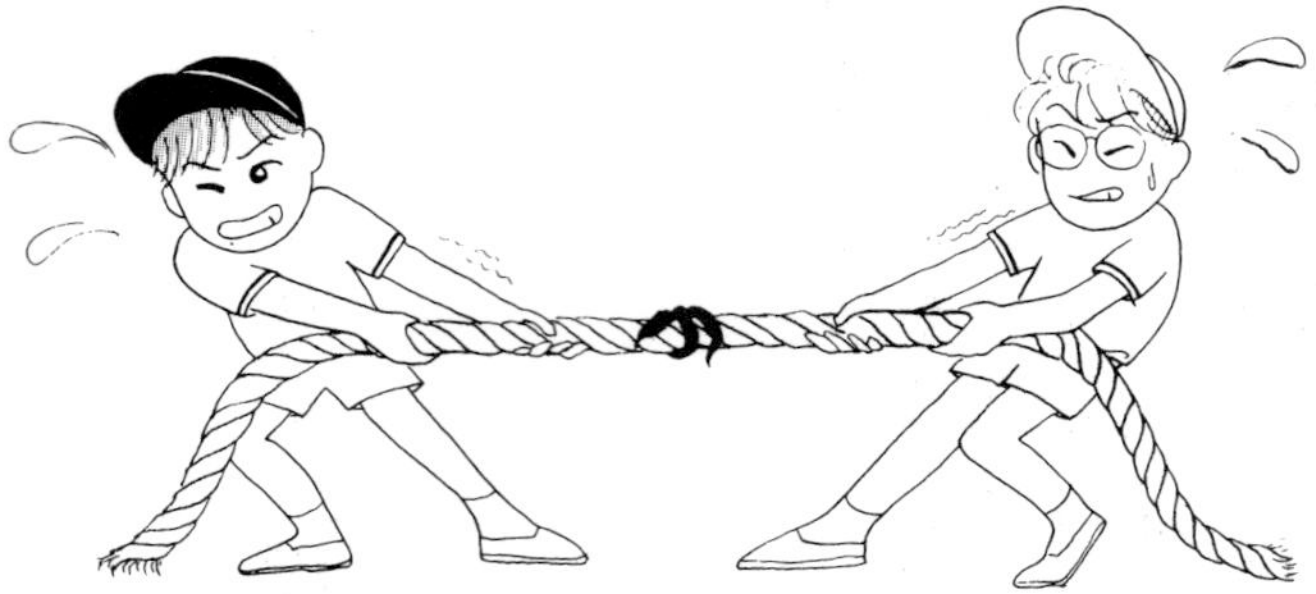

▲図 56　綱引き

速度で運動しても、その速度で動く慣性系で観測すれば、静止しているので、やはり電磁波は発生しない。つまり、荷電粒子の運動によって電磁波が発生するためには、粒子は加速度を持って動かなければならない。

では、加速度運動によって、どのようにして電磁波が発生するのであろうか。それを定性的に考えるための準備として、電磁場が介在するときの作用と反作用について調べておく。

綱引き

力学的現象では、作用に対する反作用を容易に見いだすことができる。やや紛らわしい例として、次の問題を考える。

問題：鈴木君と佐藤君が綱引きをしている。鈴木君が綱を引く力の反作用はどれか。

（ア）佐藤君が綱を引く力

（イ）綱が鈴木君を引く力

解答：（ア）ではなく（イ）である。鈴木君が及ぼしている力は綱に働くので、その力の反作用は綱から鈴木君に及ぼされる（図56）。綱の先に佐藤君がいるかいないかは、この問題には関係ないのである。

ローレンツ力の反作用

磁場の中を運動する荷電粒子や電流が受けるローレンツ力の反作用が、どこにどのように働いているのかは、右の問題とは桁違いにわかりにくい。したがって、できるだけ単純な例について考えることにする。

無限に長い直線電流に垂直に近づく荷電粒子は、電流によって生じた磁場から、電流に平行な方向にローレンツ力を受ける（図57）。この力の反作用は、どのような力で、どこに働いているのであろうか。電流に働いているのは明らかではないか、と思っている者も多いであろう。ところが、電流に働くローレンツ力の方向は必ず電流に垂直であって、平行な成分はない。この種のパラドックスについては、第5章でも触れた。

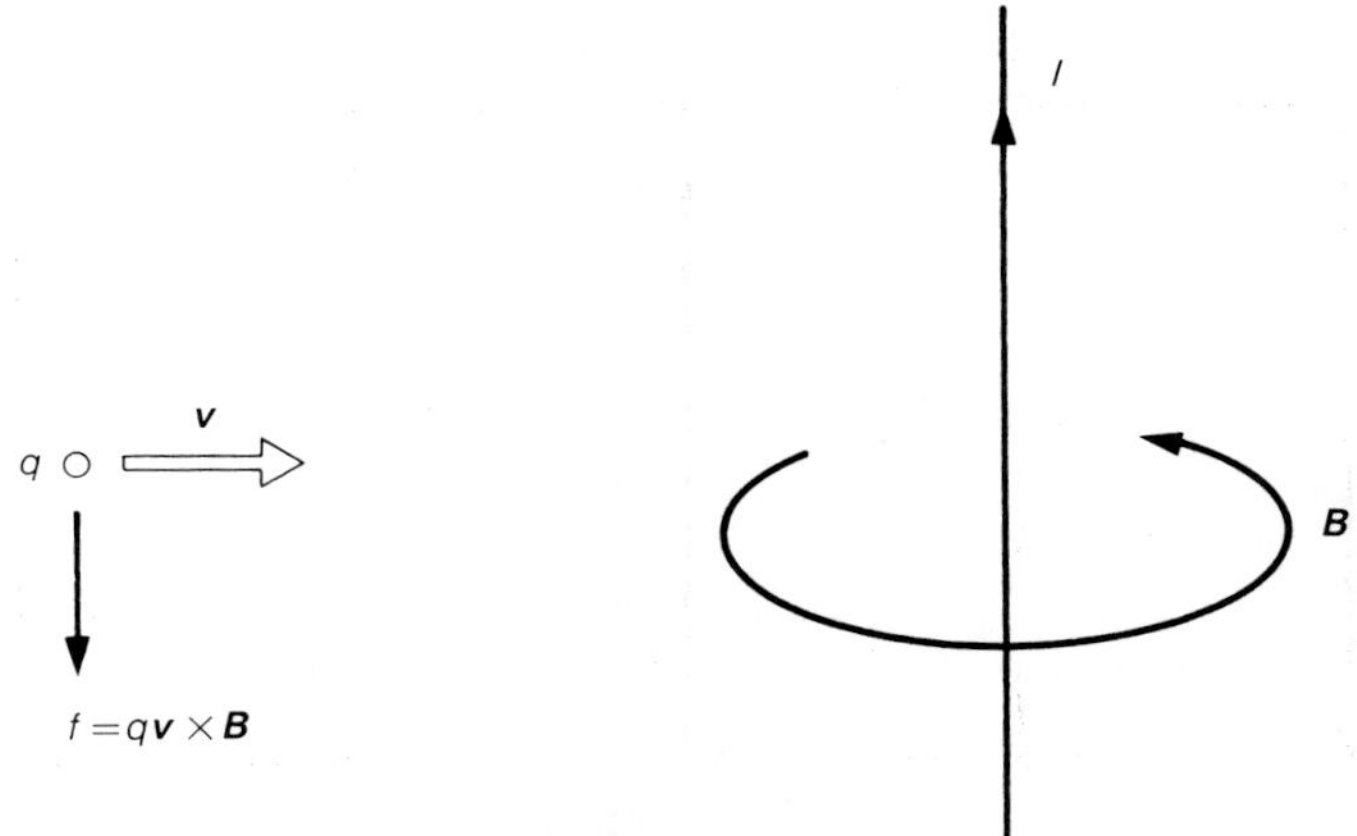

▲図 57　直線電流に向かう荷電粒子が受けるローレンツ力

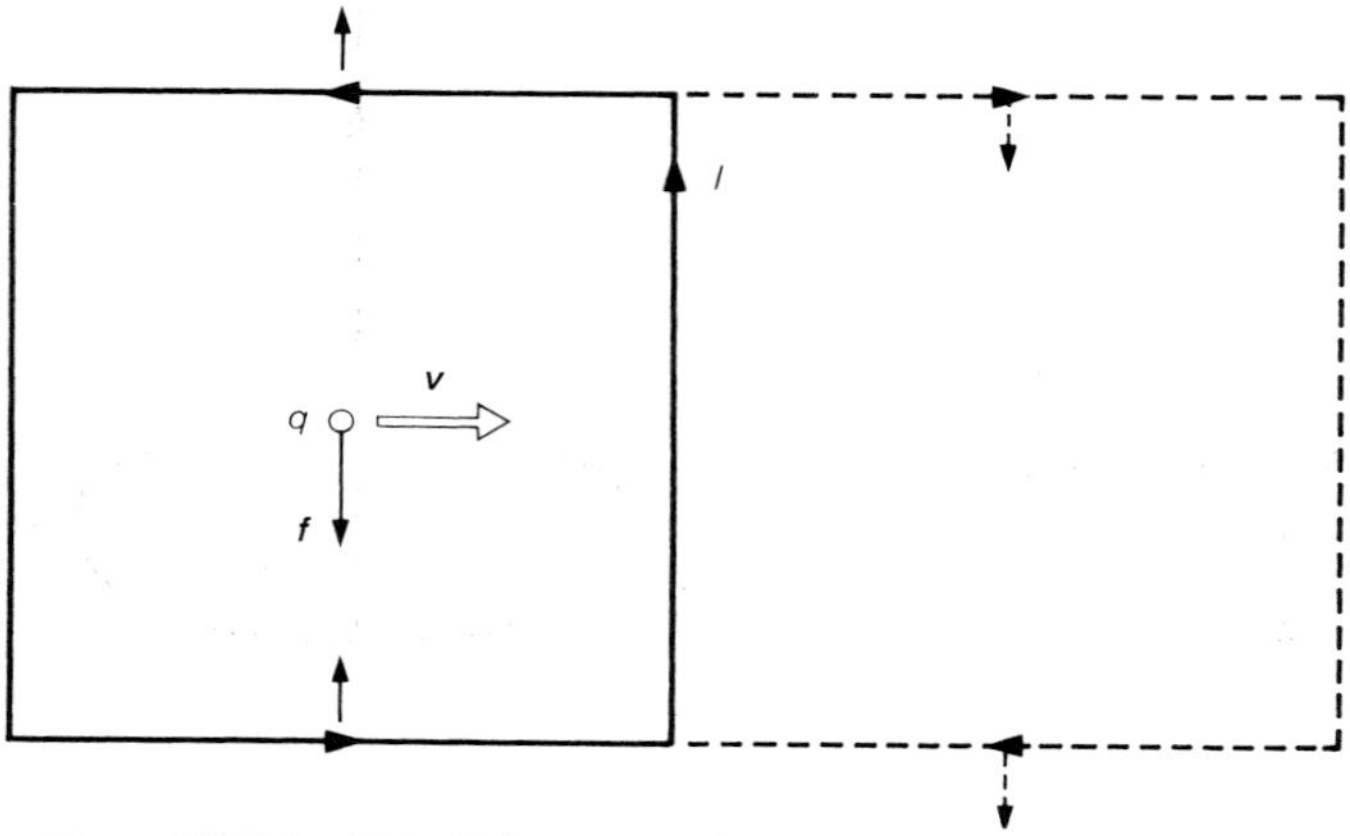

▲図 58　直線電流の帰路に働くローレンツ力．
帰路の作り方によって働く力が変わる．

ローレンツ力には、反作用などなくてもよいなどと考えるのは、物理学を根底から揺るがす過激な思想である。ただし、電流素片だけについて考えるときには、作用反作用の法則が成り立たなくてもよい。電流素片だけが実在することはないからである。

誤答例

誰でもすぐに思い付きそうな解答例を紹介し、それらが正しい解答ではないことを説明する。

右に述べたように、無限に長い直線電流は電流素片のようなものであって実在の電流ではない。帰路が必要なのである。帰路に働く力を加えればつじつまが合うであろう。しかし、帰路をどのようにつくるかによって、回路に働く力が変わる(図58)。したがって、帰路に働く力を加えても、反作用の資格を満たさない[1]。

力を受けた荷電粒子は加速度を持つから、電磁

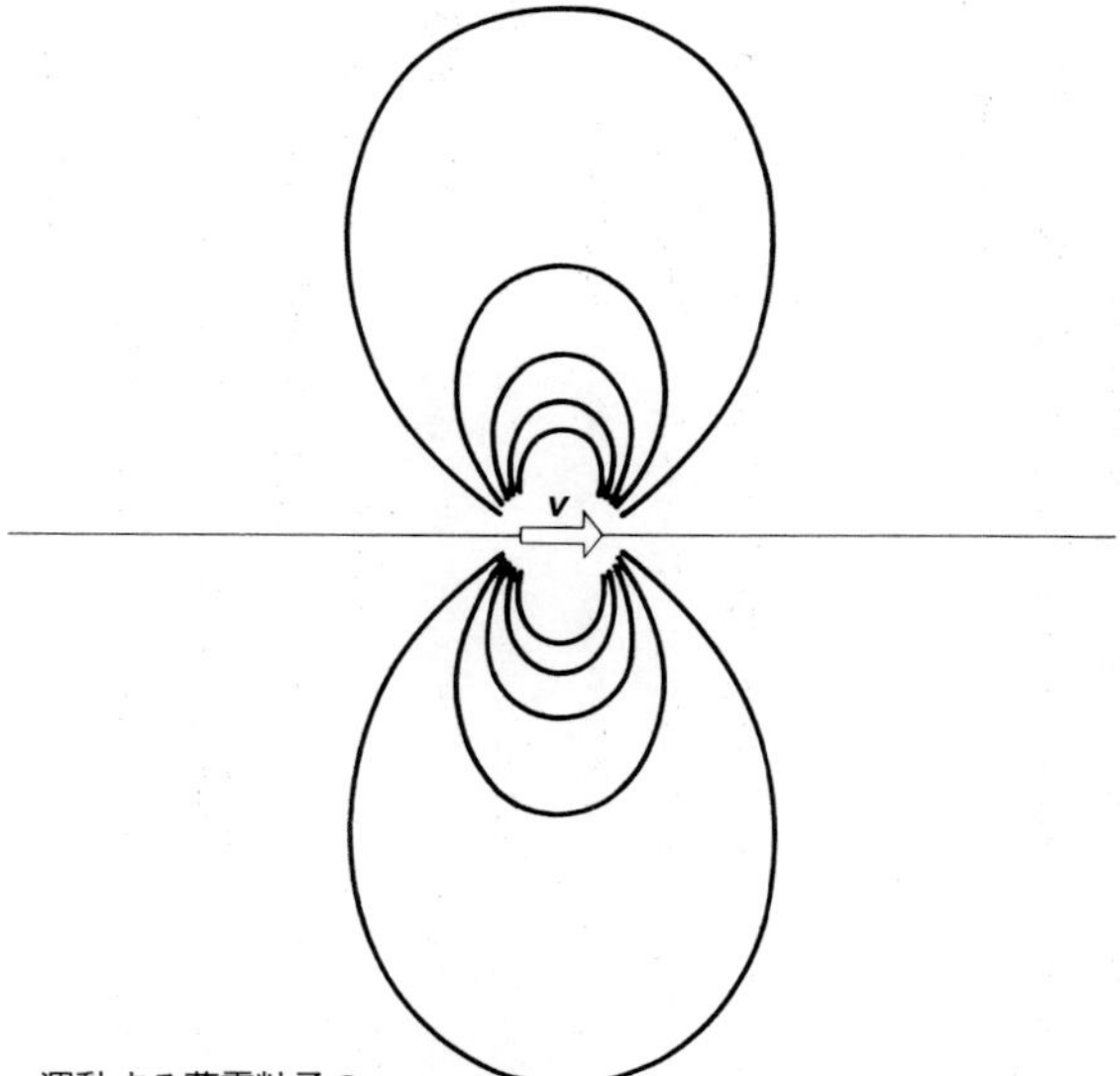

▲図59　運動する荷電粒子のまわりの電束電流

波を放射する。この電磁波の反動が、求める反作用になっているであろうと期待される。しかし、荷電粒子の加速度は荷電粒子の質量に反比例する。つまり、質量が大きければ、電磁放射もその反動も小さくなる。荷電粒子に働くローレンツ力は、質量に依存しない。したがって、その反作用も質量に依存するはずはない[1]。

正解

磁場中を動く荷電粒子に働くローレンツ力は、磁場から及ぼされるのであって、その磁場をつくった電流から及ぼされるのではない。これは、綱引きの例で鈴木君と佐藤君が綱引きをしているとき、鈴木君は佐藤君から引っ張られるのではなく、綱から引っ張られるのと同様である。鈴木君と佐藤君の間に綱があるように、電流と荷電粒子の間に電磁場があるのである。したがって、磁場が荷電粒子に及ぼすローレンツ力の反作用は、荷電粒子が電磁場に及ぼす力である。[1]

ニュートンの運動方程式によれば、力は、運動量を時間で微分した導関数に等しい。したがって、力が及ぼされることと、運動量が時間的に変化することとは、同等である。磁場は電場が共存しているとき運動量を持つ。もう少し正確に言えば、電束密度と磁束密度が共存しているとき、電磁場は運動量を持つ。いま考えている系では、電流のまわりの磁束密度と荷電粒子のまわりの電束密度とが共存している。したがって、この電磁場は運動量を持っている。荷電粒子が動けば、電束密度が変化する。つまり、運動量が変化する。電束密度の時間変化は、電束電流密度である（図59）。電束電流が磁場中を流れると電磁場が力を受けることになる（コラム36）。これを、電束電流がローレンツ力を受けるのだと解釈することができる。[1] 実際、荷電粒子のまわりの電束電流に働く力を合計すれば、荷電粒子に磁場が及ぼすローレンツ力と大きさは等しく、向きは反対である（コラム37）。

荷電粒子の振動

加速度を持つ運動の例として等加速度運動が最も簡単かもしれないが、粒子は無限遠に飛び去ってしまい、持続的に電磁波を発生させるためには利用できない。有限の範囲の運動で、最も単純な加速度運動は単振動であろう。

荷電粒子が一直線上で単振動しているときの電磁場のうち、その電荷が振動の中心に静止しているときの静電場を差し引いたものが、時間変化する電磁場である。静電場を差し引くには、振動の中心に逆符号の点電荷を置けばよい。したがって、電磁波の発生を調べるためには、点電荷が静止している位置を中心として、電荷の絶対値は等しく符号が逆の点電荷が振動する系を考察すればよい。振動の振幅があまり大きくなければ、この系を電気双極子が振動している系と見なすことができる。双極子については、第4章で触れた。

〈コラム 36〉

電磁場が受ける力

電場が時間変化するとき、電磁場の運動量変化は、電束電流が磁場から受けるローレンツ力に等しい。

$$\frac{\partial \vec{D}\times\vec{B}}{\partial t}=\frac{\partial \vec{D}}{\partial t}\times\vec{B}$$

電磁場の運動量密度：$\vec{D}\times\vec{B}$

$\vec{B}=\mu_0\vec{H}$：磁束密度,

μ_0：真空の透磁率, $\vec{H}$：磁場

$\vec{D}=\varepsilon_0\vec{E}$：電束密度,

ε_0：真空の誘電率, $\vec{E}$：電場

$\frac{\partial \vec{D}}{\partial t}$：電束電流密度

〈コラム 37〉

電束電流に働くローレンツ力

$$\int\frac{\partial \vec{D}\times\vec{B}}{\partial t}d\tau=\int\frac{\partial \vec{D}}{\partial t}\times B\,d\tau$$
$$=-q\vec{v}\times\vec{B}$$

$d\tau$：体積要素

	電場	磁場
動径成分	$E_r=\frac{p}{2\pi\varepsilon_0}\frac{\cos\theta}{r^3}$	$B_r=0$
極角成分	$E_\theta=\frac{p}{4\pi\varepsilon_0}\frac{\sin\theta}{r^3}$	$B_\theta=0$
方位角成分	$E_\phi=0$	$B_\phi=\frac{\mu_0 p'}{4\pi}\frac{\sin\theta}{r^2}$

▲表 12　双極子の近くの電磁場
p'：p の時間変化（p を時刻で微分した導関数）

振動双極子

一定方向を向いたまま、ゆっくり振動する双極子のまわりの電場は、強さが変わるだけで方向は変わらない（表12）。したがって、電束電流密度は電場と平行であり、電束電流の流線は電気力線と同じ形になる（表13）。

荷電粒子が運動すると、電荷が運ばれるので、電流が流れているのと同じである。同様に、双極子の振動は、振動電流が存在しているものと見なすことができる。電流のまわりには磁場が存在する。その磁力線は、双極子の位置を通り振動方向に平行な直線を軸として、その軸に垂直な平面内の同心円である（図60）。

磁束密度の向きと電束電流の向きを考慮すると、電束電流に働くローレンツ力の向きは、双極子から遠ざかる向きである。双極子が振動して向きが変わっても、ローレンツ力の向きが、反転しないことに注意したい（図61）。こうして、電気力線は外へと押し出され、電磁波となって伝わっていくのである（図62）。

双極放射

単振動する双極子から放射される電磁波の振動数は、双極子の振

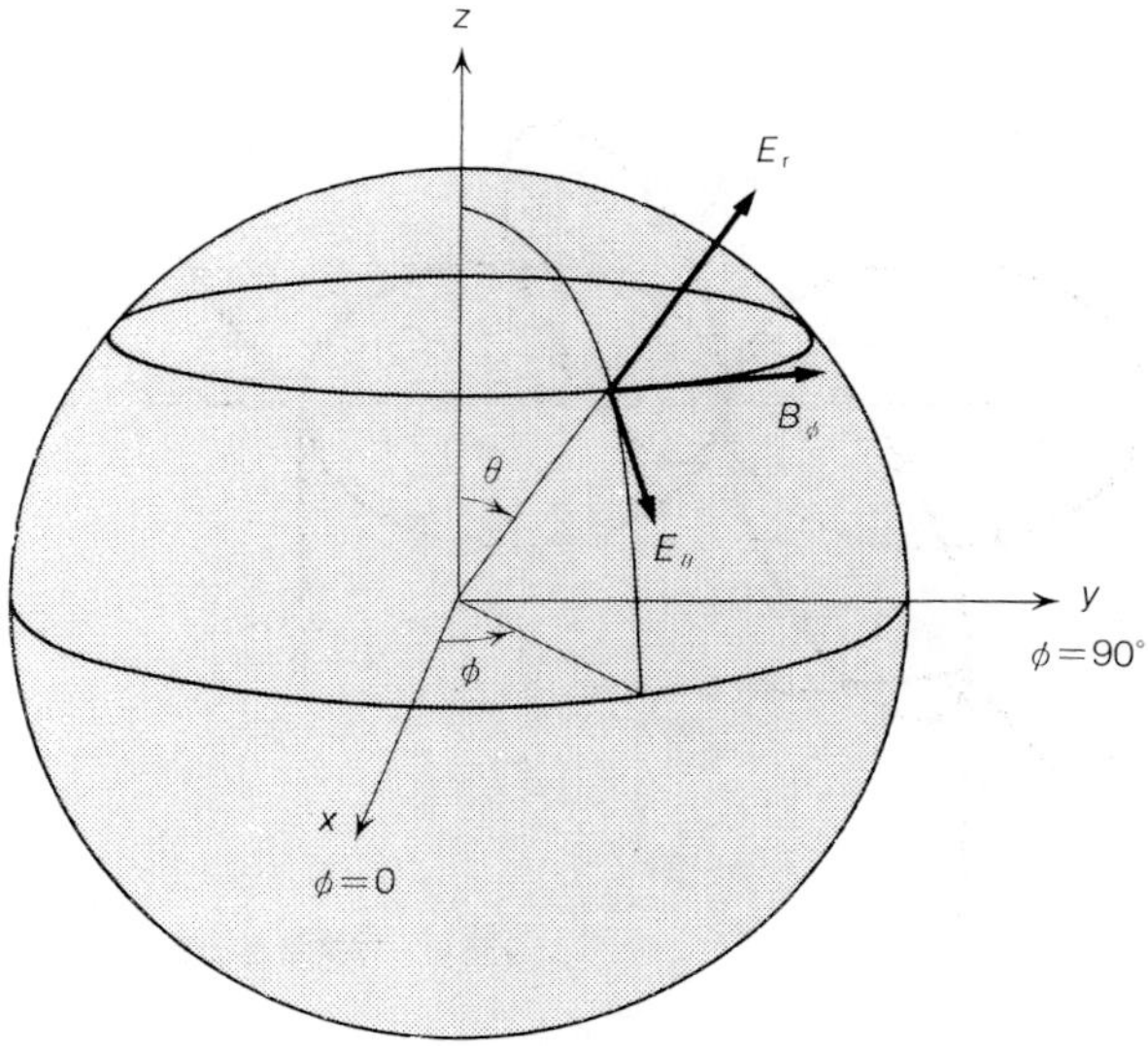

▲図 60　振動双極子のまわりの電場と磁束密度

以下の曲線は，極座標で $r=a\sin^2\boldsymbol{\theta}$ （a は定数） と表される．
・双極子のまわりの電気力線 ・運動する点電荷のまわりの電束電流密度の流線（図 59） ・振動双極子のまわりの電束電流密度の流線 ・振動する双極子から放射される電磁波のエネルギーの方向依存性（コラム 38）

▲表 13　同じ形の曲線

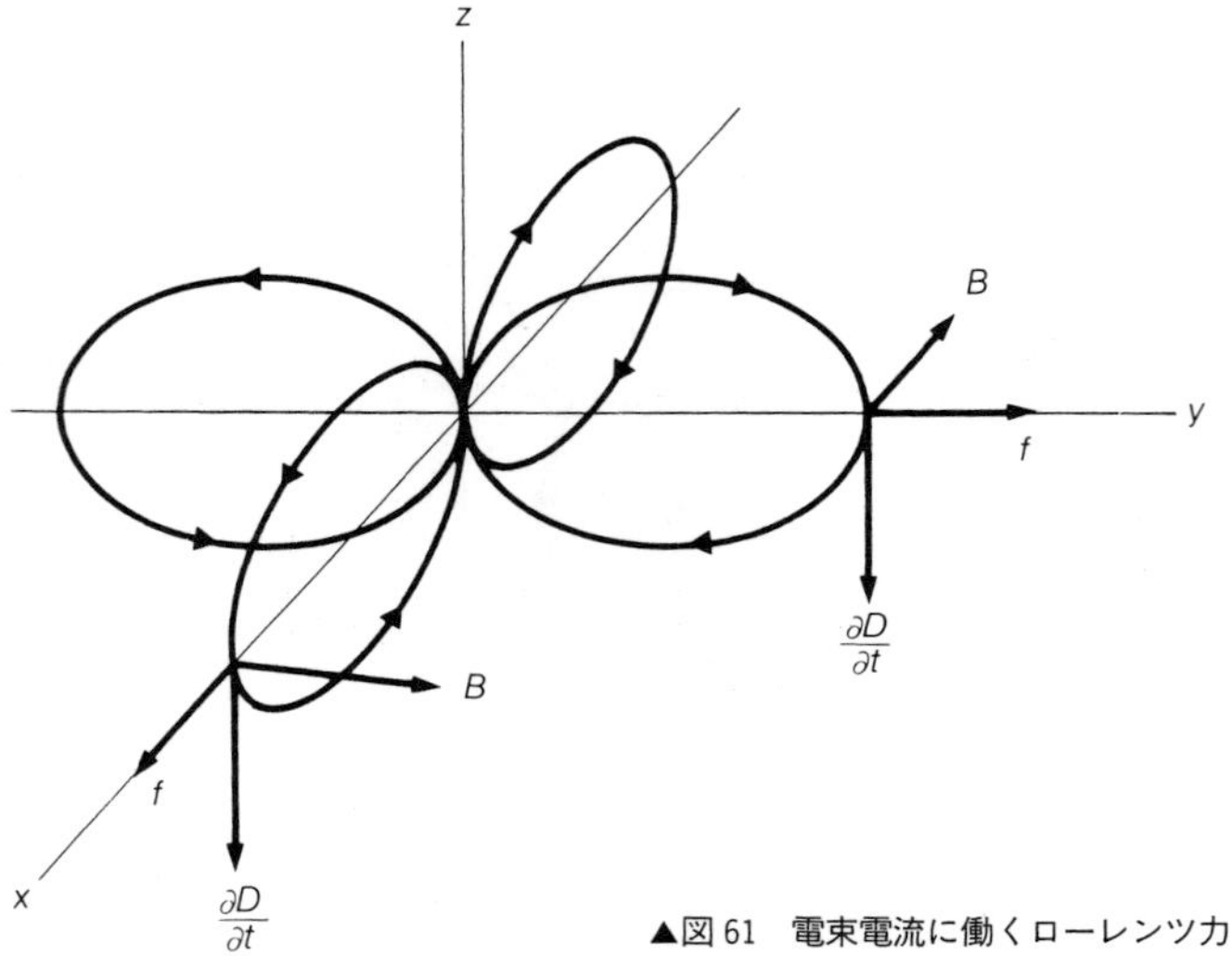

▲図 61　電束電流に働くローレンツ力

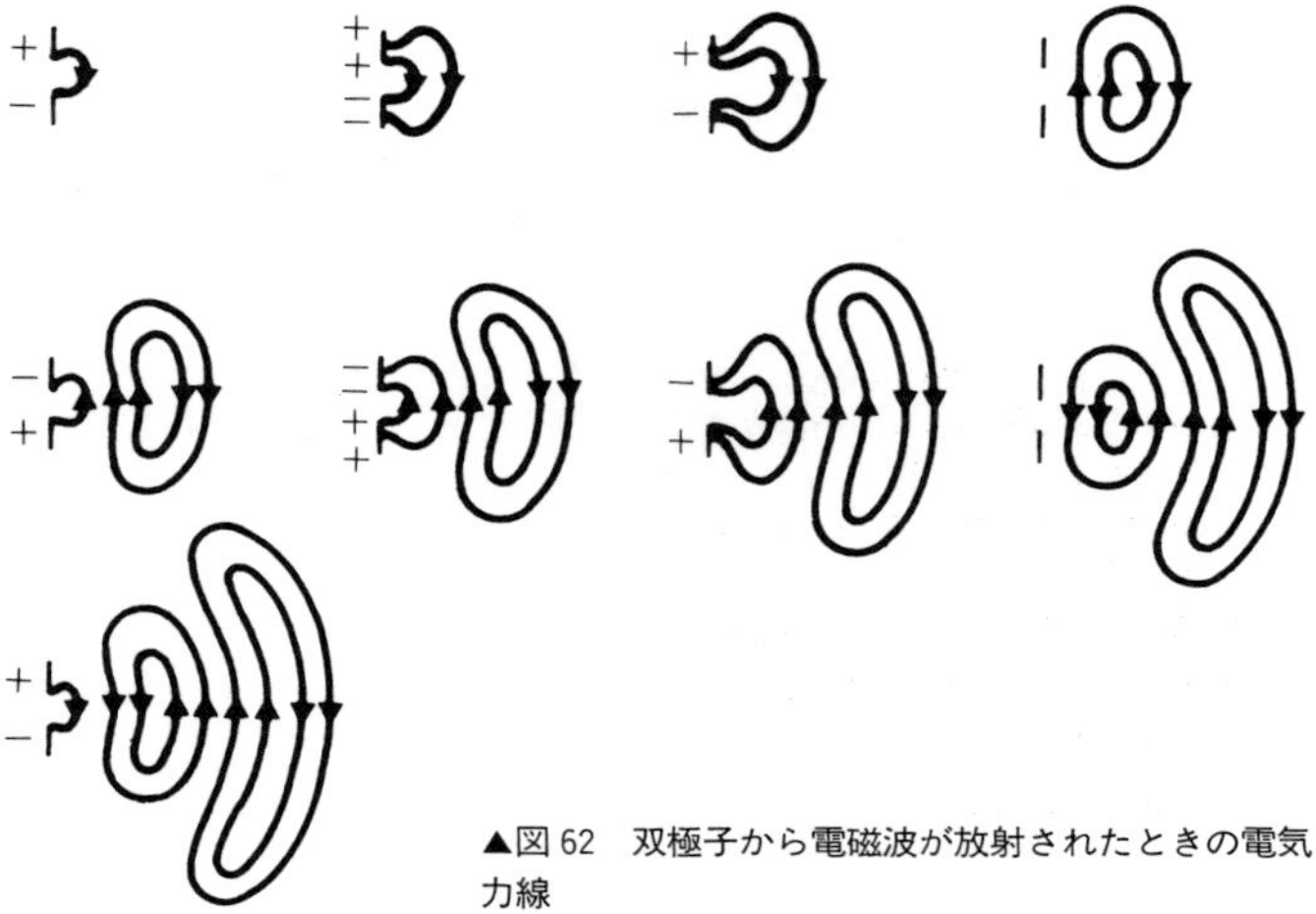

▲図 62　双極子から電磁波が放射されたときの電気力線

動数に等しい。その電磁波の電場の方向は、双極子の方向と進行方向がつくる平面に平行である。放射エネルギーは、振動に垂直な方向に強く、振動方向には放射されない（コラム38）。

棒状のアンテナで電流が振動しているときにも、電磁波が放射される。棒が、放射される電磁波の波長に比べて十分短い場合には、棒の中で振動している電流を、振動双極子として取り扱うことができる。

〈コラム 38〉

双極子放射

エネルギー分布（単位立体角・単位時間当たり）

$$\frac{(p'')^2 \sin^2\theta}{16\pi^2\varepsilon_0 c^3}$$

p''：双極子モーメントの時間に関する２次導関数

θ：双極子の方向と放射の方向のなす角

ε_0：真空の誘電率

c：真空中の光速

全方位に放射されるエネルギー（単位時間当たり）

$$\frac{(p'')^2}{6\pi\varepsilon_0 c^3}$$

サイクロトロン放射

一様磁場中の荷電粒子は磁場に垂直なローレンツ力を受け、螺旋（らせん）運動をする（図63）。磁場方向には加速されないので、この荷電粒子の加速度は、磁場に垂直な平面内の円運動の場合と同じである。円運動を磁場に垂直な方向から見ると、単振動である。つまり、円運動は互いに垂直に置かれた二つの単振動を、振動の位相を90°ずらして重ね合わせた運動にほかならない。

円の半径が放射される電磁波の波長に比べて十分小さければ、単振動する二つの双極子と見なすことができる。波長は、光速を角振動数で割った長さであり、円運動の速さは、半径と角振動数との積であるから、この条件は円運動の速さが光の速さに比べて十分小さいという条件と同等である。

磁場中で円運動する荷電粒子に、円運動の周期に合わせて電場をかけて少しずつ加速すると、大きなエネルギーを与えることができる。このようにして荷電粒子を加速する装置をサイクロトロンという。荷電粒子のエネルギーが大きくなり、速さが光速に近づいてくると、質量が増し、周期が増えるので、加速電場の周期を調節しなければならない。

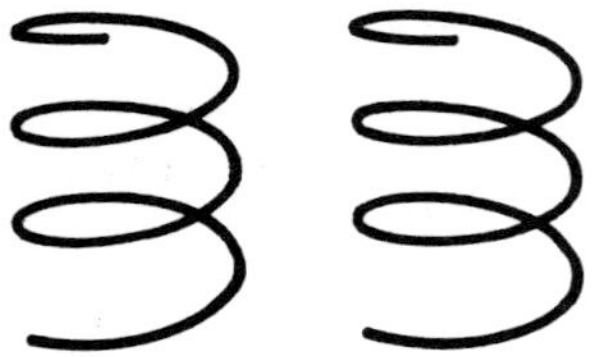

▲図 63　螺旋（らせん）運動

プラズマ中のサイクロトロン放射

磁場で閉じ込められた高温プラズマでは、すべての電子が磁力線のまわりを螺旋運動している。したがって、それぞれの電子がサイクロトロン放射をすると考えたくなる。しかし、意外なことに、プラズマを構成している電子は互いに干渉し合い、電磁波は放射されない。ただし、プラズマ中に陽電子を入れると、まわりの電子と同じ角速度で旋回するが、逆向きであるため、サイクロトロン放射をしてエネルギーを失う。(3)

シンクロトロン放射

磁場中で円運動する荷電粒子を加速する電場の周期を、荷電粒子のエネルギーとともに長くした

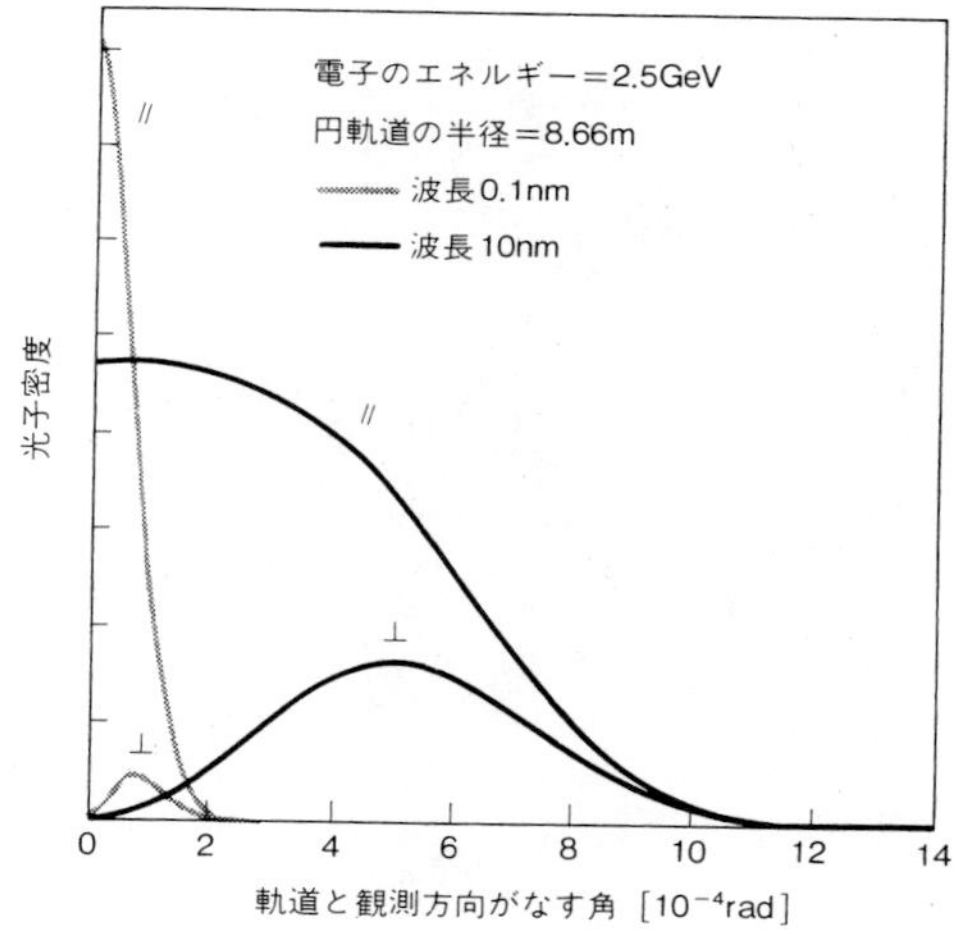

▲図 64　シンクロトロン放射の方向依存性
∥：軌道面に平行な偏光成分，⊥：軌道面に垂直な偏光成分.

り、磁場を強くして円軌道の半径の増加をおさえたりして、大きなエネルギーを得るための装置をシンクロトロンという。この加速器で到達できるエネルギーに原理的な限界はない。最近では、超伝導電磁石で五テスラ以上の磁束密度を発生させて、一兆電子ボルト以上のエネルギーが得られる加速器も建設可能とされている。

電子シンクロトロンで電子のエネルギーを増加させるためには、電磁波の放射によるエネルギー損失を補う必要がある。この放射損失はエネルギーの四乗に比例するので、大型の電子シンクロトロンでは莫大な高周波電力が必要となる。

光子工場

大型の電子シンクロトロンでは、大きなエネルギーが放射される。この現象を利用

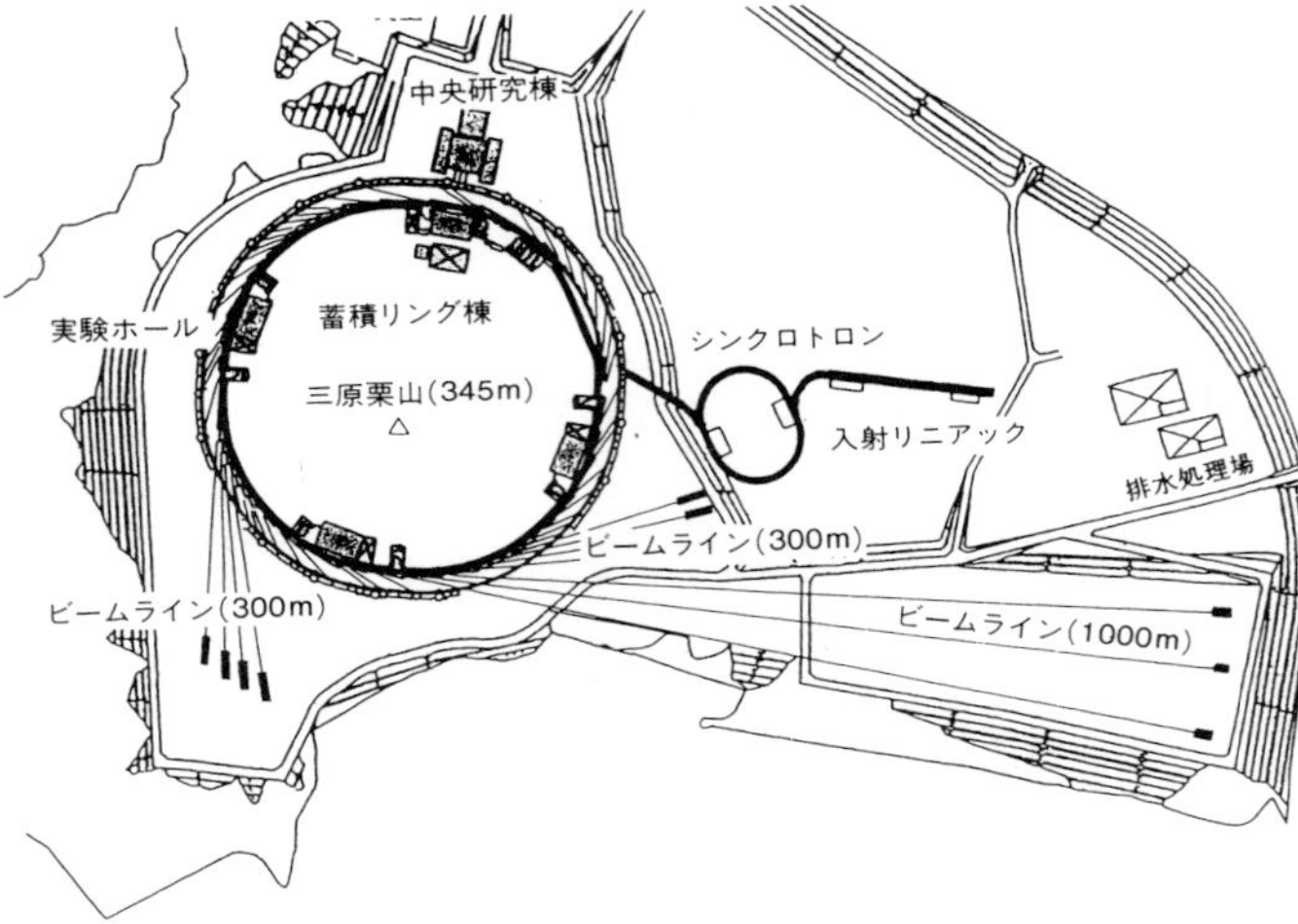

▲図 65　SPring-8 構内の平面図
出典：上坪宏道：物理学会誌 **46**, 179-186 (1991), 図 5.

して、強いX線を得る装置が建設されている。円軌道に多数の電子を蓄え、発生する放射光を利用するのである。筑波学園都市にある高エネルギー物理学研究所の放射光実験施設は、英語では光子工場（Photon Factory）とよばれている。

光子工場では、陽電子を円軌道に蓄え光子を製造している。サイクロトロン放射の場合と異なり、光子は陽電子の進行方向に集中して放射される（図64）。振動数も、円運動の振動数ではなく、可視光からX線に至る幅広い領域に分布している。軌道面内に放射される光子の電場は、軌道面に平行である。軌道面に垂直に放射される光子は円偏波である。

光子工場のようなシンクロトロン軌

道放射光のおかげで、所望の性質をもつ強いX線が、水道の蛇口をひねれば水が出て来るように、ふんだんに使えるようになった。その結果、基礎研究から技術開発にわたる各分野の進歩に大きな貢献をしている。たとえば、放射光の回折散乱によるタンパク質など巨大分子の構造や反応、分光による超微量分析、放射線効果による分子の分解、X線リソグラフィーによる超大規模集積回路製法の開発、などなどである。

SPring-8

放射光科学の一層の発展を図るために、高輝度X線放射光源の建設が始められている[4]（図65）。この施設の愛称は、スーパーフォトンリング-八ギガ電子ボルトである。場所は、兵庫県が西播磨地区に開発中の播磨科学公園都市で、施設の完成と供用開始は一九九八年の予定である。この施設は、大学や産業界の研究者に広く開放され、物質科学や生命科学など広い学問分野における基礎研究の振興、および先端技術開発の重要な拠点になるよう計画されている。

参考文献

（1） 霜田光一：物理教育 **25**, 113-116（1977）.
（2） 霜田光一：物理教育 **26**, 141-145（1978）.
（3） T. Kihara, O. Aono and R. Sugihara : Nuclear Fusion **1**, 181-188（1961）.
（4） 上坪宏道：物理学会誌 **46**, 179-186（1991）.

10　こすり取られる光

振り飛ばされる光

真空中の荷電粒子は、加速度を持って運動するとき電磁波を放射する。シンクロトロン放射では、電子が光の速さに近い高速で円軌道を運動する。このとき、放射されるエネルギーは接線方向に集中する（図66）。これを、電子の周囲にあった光子が振り飛ばされるのだと解釈することができる。傘の先に付いた水滴が傘を回すと振り飛ばされるのと同じである。

制動放射

プラズマは、原子が原子核と電子に電離している状態である。電子が原子核に捕まって原子に戻

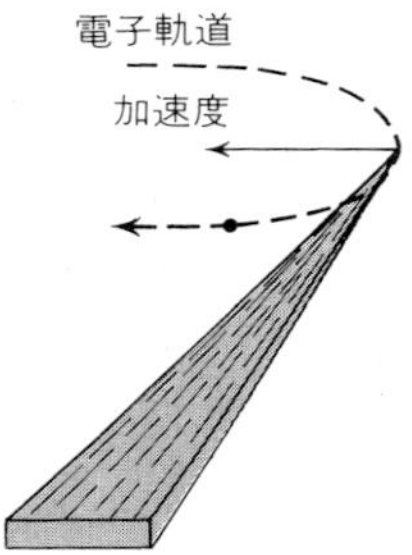

▲図66　シンクロトロン放射

ってしまわないためには、電子の運動エネルギーは電離エネルギーよりも大きくなければならない。したがって、プラズマは高温であり、電子は高速で飛び回っている。そしてときどき、原子核と衝突して進路が大きく曲げられる。このとき光子が振り飛ばされる。この現象は制動放射とよばれている。

夢のエネルギー

重水素気体をプラズマ状態にして、さらに温度を上げると、重水素核どうしが正電荷の反発力に打ち勝って接近し核融合反応を起こす（コラム39）。このとき放出されるエネルギーを利用できれば、人類は今後数億年にわたってエネルギー不足に悩まされることはないと言われている。現在、世界中で一年間に使っているエネルギーは一〇の二〇～二一乗ジュールである。世界のエネルギー資源を表に示す（表14、15）。

核融合反応を実験室内で実現するためには、プラズマの密度を上げ、十分長い時間、高温に保たなければならない。その高温に耐える物質は存在しないので、磁場によって容器を構成している物質から離しておく。そのための磁場の配置などがいろいろと考案されている。最も安定な方式は、プラズマをドーナツ型の領域に閉じ込める方式である。しかし、さまざまな振動が生じ、密度を思うように上げることは難しい。また、制動放射などで失われるエネルギーも大きく、温度も十分には上げられていない。

もし、重水素と三重水素の混合物をプラズマにして、DとTの融合反応を起こすならば、DとDの融合反応よりも容易に起こすことができる。この原稿を書いているとき、DT反応を起こすことに成功したとのニュースがラジオから聞こえてきた。翌日の新聞に、次のように書いてある。

核融合

朝日新聞（一九九一年十一月十一日、十三日）によれば、夢のエネルギーとして世界中で開発が競われている核融合で、英国オックスフォード州アビンドンにある欧州各国共同の欧州トーラス共同研究施設（JET）が九日夕、実用に最も近いトカマク型の装置で三重水素と重水素の本来の核融合燃料を使い、二千キロワット、継続時間二秒の熱を取り出すことに世界で初めて成功した。日

〈コラム 39〉
核融合反応

$$D + D \rightarrow T + p + 4.03\,\mathrm{MeV}$$
$$\qquad\quad {}^{3}He + n + 3.27\,\mathrm{MeV}$$
$$D + T \rightarrow {}^{4}He + n + 17.58\,\mathrm{MeV}$$
$$D + {}^{3}He \rightarrow {}^{4}He + p + 18.34\,\mathrm{MeV}$$

	確定	未発見	海水中
石炭	20	50	
石油	3.6	6.3	
天然ガス	4.0	6.3	
U	180	170	3×10^{5}
Th	40	60	5×10^{3}
D			4×10^{9}
Li		1 700	4×10^{7}

▲表 14　エネルギー資源
単位は 10^{21} ジュール

大気圏外	1.36 kW/m^2
地球全体	1.73×10^{17} W $=5.5\times10^{24}$ J/年

▲表 15　太陽エネルギー

本や米国を含めたこれまでの実験では、模擬燃料で核融合が起きる条件をつくり出す実験が続いてきたが、実用レベルに近い熱を実際に生じさせたことで、核融合発電の実用化に向けて実質的な第一歩となった。

この結果について、JET計画の責任者は「制御された核融合反応から意義ある規模のエネルギーを得た初の成果だ。」と語った。

九日の実験では、三重水素〇・二グラムと重水素約一・二グラムが、約二億度の高温に熱せられ、融合した。取り出されたエネルギーの大きさは、最大約二千キロワットで約二秒間続いた。

核融合利用は、現在の原子力発電の原理である核分裂とは違い、二つの原子核が融合反応をする際に出す大きなエネルギーを使って発電する。融合反応自体を起こしにくいのと、長続きしないのが難点だ。

今回の実験が、将来の核融合発電で実際に使う燃料になる三重水素と重水素で成功したことは、大きな価値を持つ。これまでは、実験が簡単な重水素や水素だけを使っていた。今回はまだ重水素の方が多いが、JETでは次第に理想的な割合である三重水素と重水素が五〇％ずつの燃料での反応を試みるとしている。

現在、核融合の研究はJETのほか日本、米国、ソ連が競っているが、これで欧州が一歩抜きん出た。次の目標は、JETを改良して継続時間を一〇秒程度に延ばすことだという。

核融合の研究には膨大な金がかかる上、いつまでも実用化の可能性が見えて来ないことから、各国とも、次の設備建設には難色を示している。順調にいっても、発電炉としては二〇四〇年以前に

▲図 67　実用への一歩となる熱の取り出しに成功した欧州の核融合研究施設 JET のドーナツ状真空容器内部

商業化するのは難しいと見られている。

JET（Joint European Torus）は欧州のEC加盟十二か国とスイス・スウェーデンの共同研究施設である。各国は次世代の核融合研究炉を、共同でつくる計画を進めている。ITERとよぶプロジェクトで、現在の大型原発の炉と同じ百万キロワットのエネルギーを一時間連続で取り出すのを狙っている（図67）。

磁場閉じ込め

荷電粒子は磁力線に巻き付くような運動をする。この性質を利用してプラズマを磁場で閉じ込める方法が考案されている。その代表的なもの

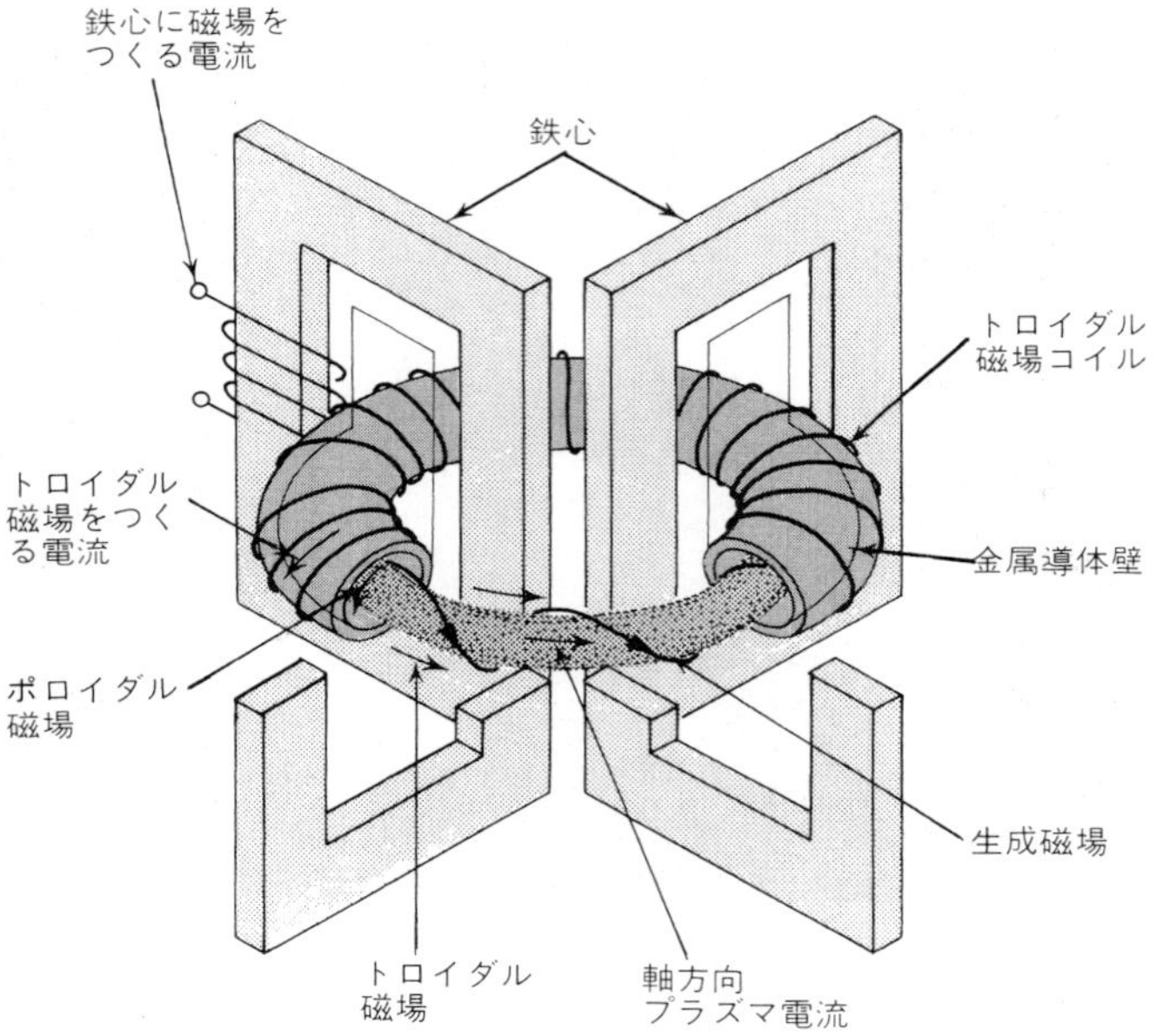

▲図 68　トカマク装置の概念図

がトカマク方式である。トカマクは一九五〇年代にソ連で建設され、一九六三年の国際会議での報告は、世界の注目を浴びた。この時点での他の核融合装置では考えられないほどのすばらしい成果であった。

トカマクという名称は

ток（電流）
камера（容器）
магнит（磁気）
катушка（コイル）

によるといわれている。その動作原理は、意外に簡単である。プラズマはドーナッ型で、穴の中を通る磁力線が変化すると、ドーナッの大半径に垂直な方向（トロイダル方向）に電場が生じ、プラズマ

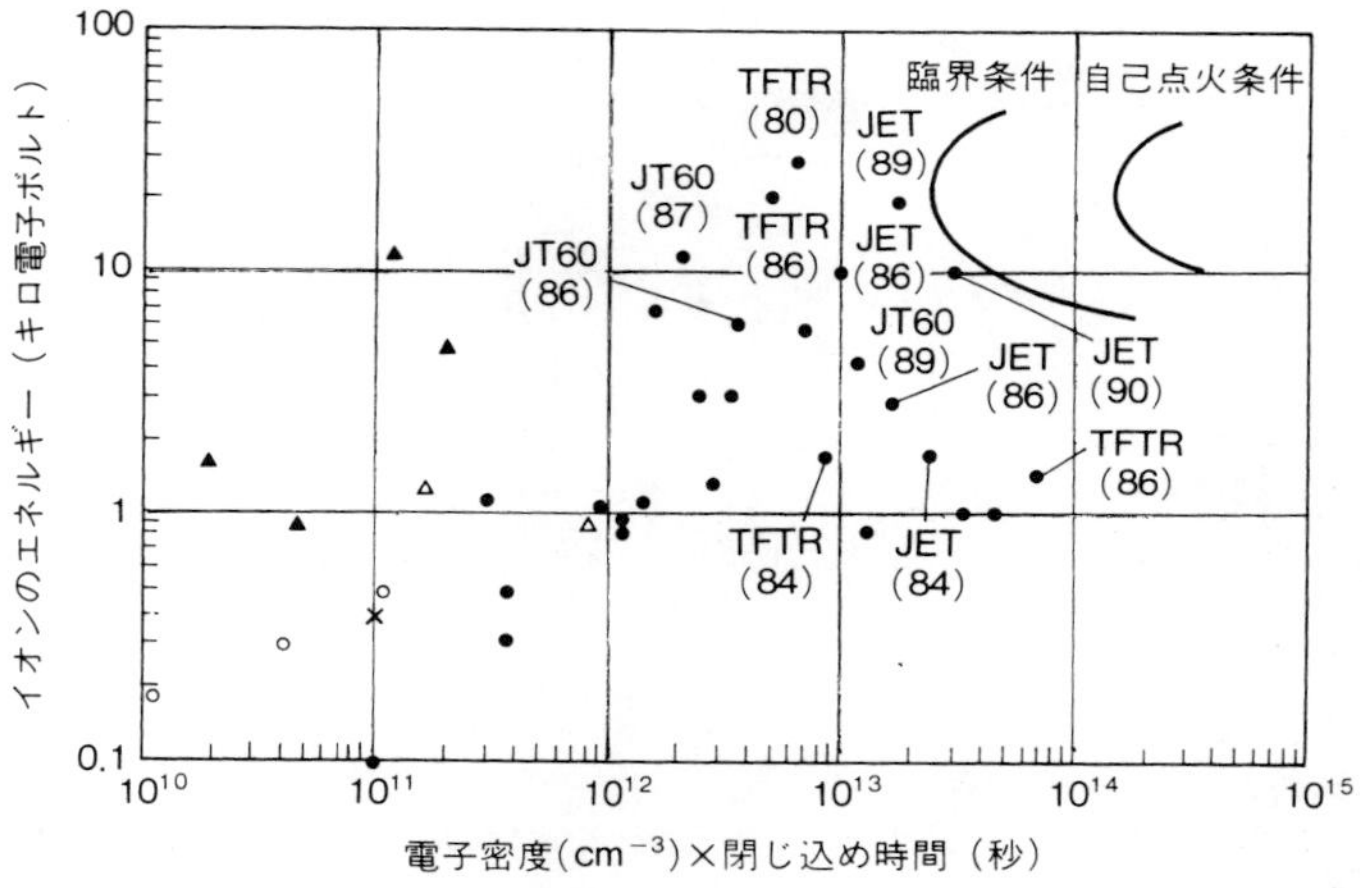

▲図 69　開発競争

臨界条件：投入したエネルギーと核融合反応で生じたエネルギーが等しくなる．
自己点火条件：外からエネルギーを注入しなくても自分で生み出すエネルギーで核融合反応が持続する．（宮本健郎；核融合研究 **66**(**4**)，379-383（1991）図 2 より）

に電流が流れる。この電流によってプラズマは加熱される。さらに、電流によって小半径に垂直な方向（ポロイダル方向）にできる磁場のためにプラズマは締め付けられる。トカマクの主要部分はトロイダル磁場をつくるためのコイルである（図68）。

　現在、世界各国でトカマクがつくられている。三大トカマクは、ヨーロッパのJET、日本の原子力研究所のJT-60、アメリカのTFTRである。これらが、どこまで核融合の目標に近づいているかを図69に示す。トカマク以外にもさまざまな磁場閉じ込め方式の装置がつくられている。核融合科学研究所では、ヘリオトロン方式の大型装置を建設中である。

　日本原子力研究所の研究者は、今回

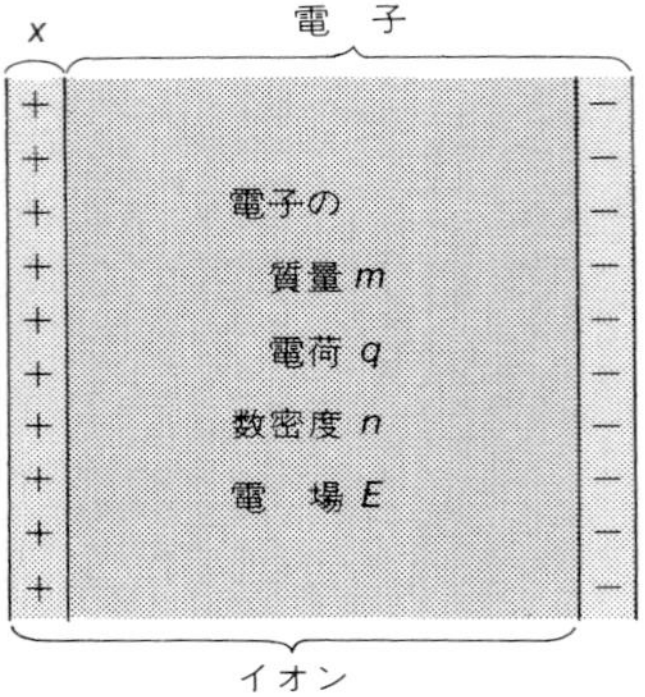

電場 $E=\dfrac{qnx}{\varepsilon_0}$　　ε_0：真空の誘電率

運動方程式

$$m\ddot{x}=-\frac{q^2nx}{\varepsilon_0}$$

$$\ddot{x}=-\omega_0{}^2x$$

$\omega_0=\sqrt{\dfrac{nq^2}{m\varepsilon_0}}$　：プラズマ振動数

▲図 70　プラズマ振動数
正電荷をもつイオンと負電荷をもつ電子の分布がずれると，元に戻そうとする力が働く．

のＪＥＴの成果を高く評価しているが「驚くべきデータというほどのことではない」と自信満々である。実際の燃料を使う意味は、換算なしで生の数字を使えるので、装置の性能が的確につかめることである。

プラズマ振動

プラズマの中の粒子は、クーロン力という自然界最長の到達距離を持つ力で相互作用している。そのためプラズマは通常の中性気体とはかなり趣を異にしている。プラズマにおける最も特徴的な現象にプラズマ振動がある。プラズマの中に電荷の濃いところができると、それによって電場が生じ、電荷を薄める向きに力が働く。荷電粒子には慣性があるので、初め濃かったところが薄まり過ぎ、逆向きの力が働くことになる。こうしてプラズマ振動が起こる。プラズマ振動は波となってプラズマ中を伝わるので、プラズマ波ともよばれる。プラズマ波の位相速度は波長によって変わり、波長が短いほど遅くなる。
　プラズマ振動で生じた電場は、無数の荷電粒子が共同してつくっているので、個々の粒子による電場は塗り潰され、平均値だけが残る。したがって、プラズマをプラズマ振動を伝える媒質だと見なすことができる。プラズマ中の一個の粒子に着目すると、その粒子は媒質中を伝わる波の中を運動する。逆に、この粒子は媒質の中に波を引き起こす。このように、プラズマ中の荷電粒子間の相互作用を、媒質とその中の一粒子との相互作用として扱うことができる。

デバイ遮蔽

　プラズマ中に静止している荷電粒子の近くには、反対符号の電荷が集まり、荷電粒子の電荷を打ち消す。したがって、静止荷電粒子のまわりの電場は遮蔽され、距離と共に指数関数的に弱くなる（コラム40）。電場がe分の1になる距離をデバイ半径という。このような遮蔽の概念は、強電解質の理論で導入された。
　プラズマ波の波長がデバイ半径に比べ十分長いとき、その振動数はプラズマ振動数とよばれる一定の値を持つ。その値は、電子の質量と電荷と密度で決まる（図70）。デバイ半径は、プラズマ振動の一周期の間に平均的な速度の電子が通過する距離に等しい。

〈コラム 40〉

静止点電荷のまわりの電荷密度

$$\rho(r) = \frac{q k_0^3}{4\pi} \frac{\exp(-k_0 r)}{k_0 r}$$

ρ ：電荷密度
r ：点電荷からの距離
k_0 ：デバイ定数
k_0^{-1} ：デバイ半径

電離層

地上四〇〜一〇〇〇キロメートルの高層大気は電離してプラズマ状態になっており、電離圏とよばれる。電離圏はいくつかの層に分かれている。その性質は太陽の活動で大きく変化する。波長が一〇メートル程度以上の電磁波は電離層で反射され、電離圏を突き抜けることはできない。電離圏には地球の磁場があるので、電磁波の伝わり方は複雑である。長年にわたり電離層を研究したアップルトンに一九四七年のノーベル物理学賞が与えられた。

衝撃波

ジェット機が超音速で飛ぶと衝撃波が発生することは、よく知られている。同様に、荷電粒子がプラズマ中を動くと、電荷の粗密が現れる（図71）。この粗密は荷電粒子とともに動くので、プラズマに静止している座標系では、プラズマ波が励起されたと観測される。磁場に閉じ込められたプラズマ中でのプラズマ波の様相は、きわめて複雑である。

チェレンコフ放射

媒質中を動く荷電粒子の速度が、その媒質中を伝わる電磁波の速さよりも大きければ、電磁波を励起する。この現象は一九三四年に発見され、チェレンコフ効果とよばれている。古典電磁気学による説明は、一九三七年にフランクとタムによって与えられた。等速度運動する荷電粒子から放射されるので、荷電粒子のまわりの光子が媒質にこすり取られるものと解釈することができる。彼ら

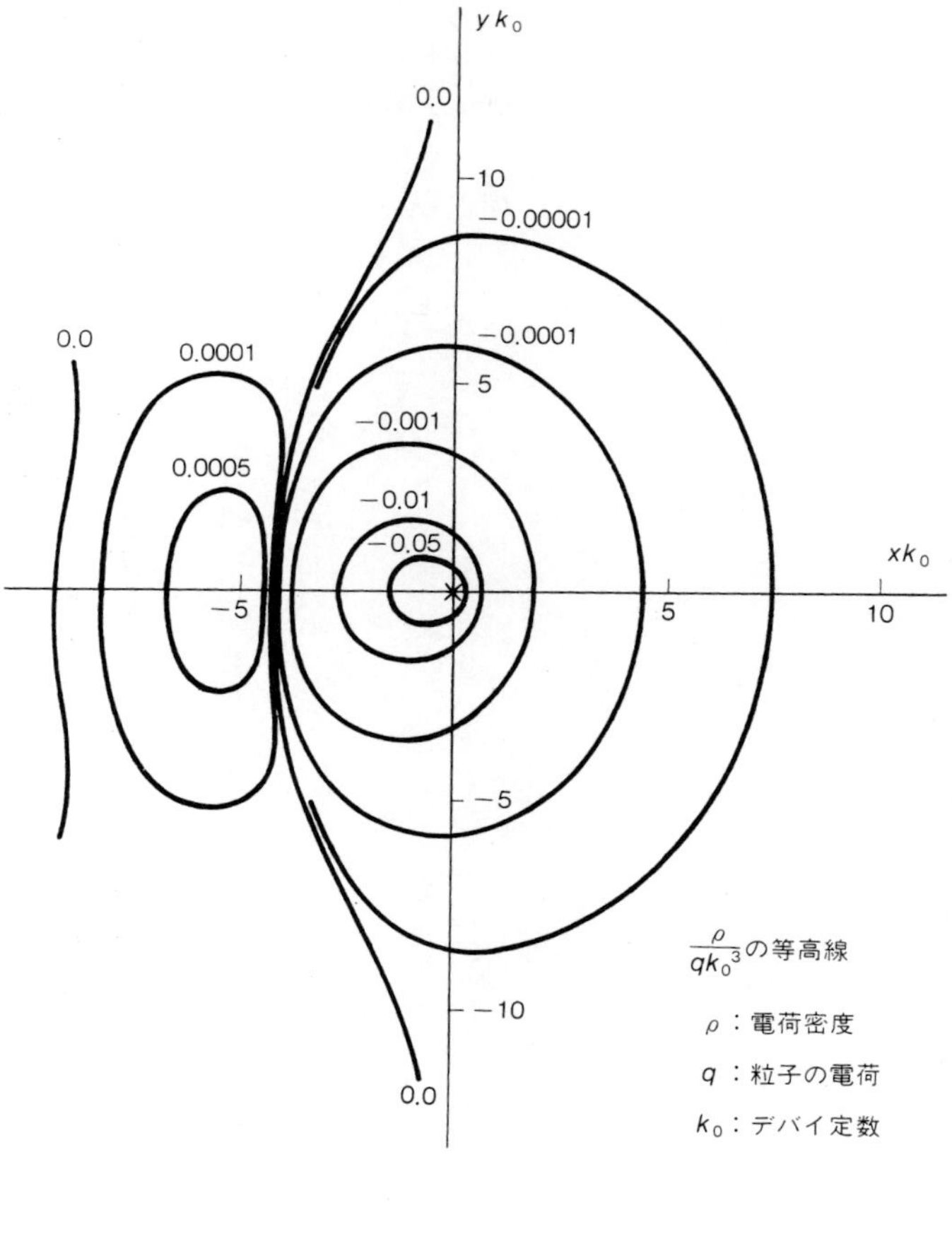

▲図 71　高速荷電粒子によって励起されたプラズマ波

三人は一九五八年のノーベル物理学賞を受けた。

一様で等方的なプラズマ中を荷電粒子が高速で動くと、プラズマ波と電磁波の両方を放射する。磁場中プラズマでは、厳密にはプラズマ波と電磁波とに分けることはできない。

11　磁力線も凍る

導体中の電場

電場が導体の中に存在すると、電流が流れ、磁場を生じ、熱を発生する。導体の電気伝導率が大きいと、電流も大きく、たちまちエネルギーを消耗してしまい、電場は消える。たとえば、超伝導体の中に電場があると、無限大の電流が流れることになる。すると無限に強い磁場が発生する。そのためには無限のエネルギーが必要になる。全宇宙のエネルギーを集めても無限にはならないので、超伝導体の中には電場が存在できないと考えざるを得ない。

超伝導体でなくても、電気伝導率が大きい良導体の中での現象は、電場が存在しないという条件のもとで、起きていると考えられる。磁場中の水銀の運動は典型的な例である。太陽や宇宙空間の磁気現象、高温プラズマのふるまいなども電導性流体の現象として取り扱うことができる。

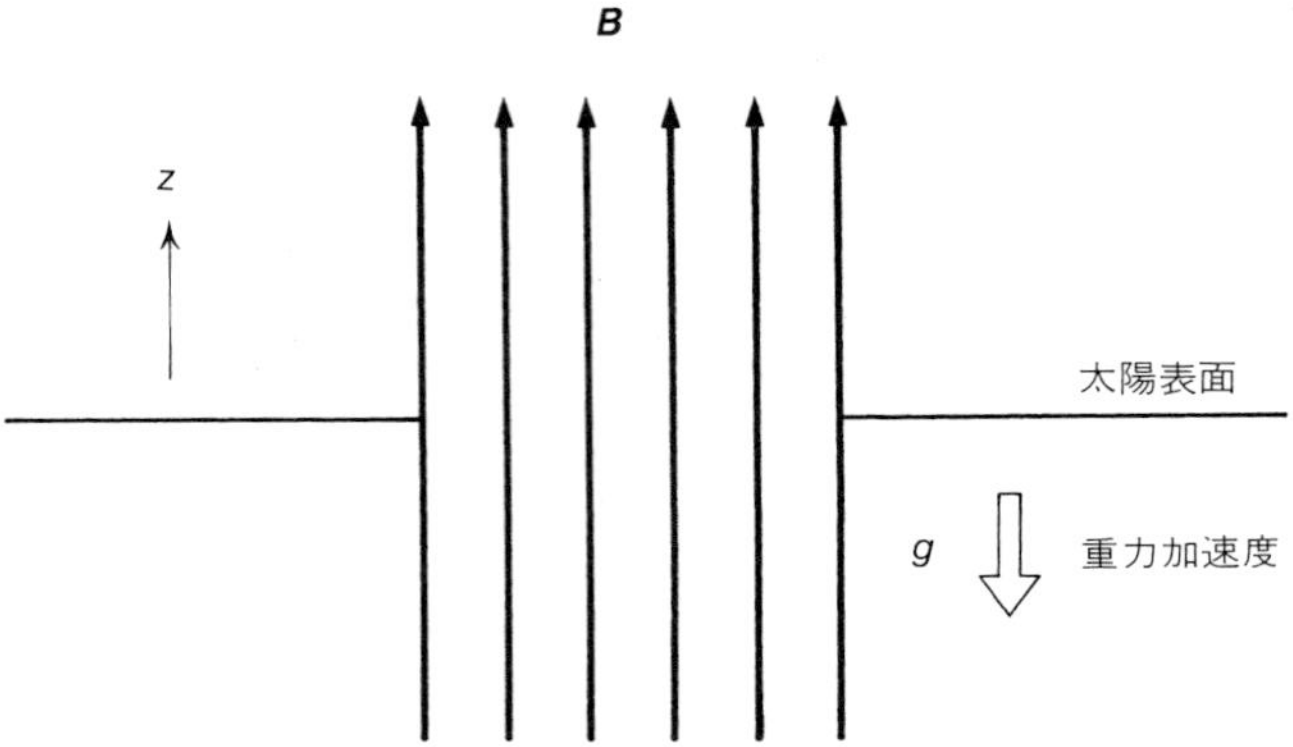

▲図 72　太陽表面の断面

太陽の黒点

磁場中で電導性流体が静止する簡単な例として、太陽の表面付近のつり合いを考える。磁場はいたるところ重力の方向を向き、重力に平行な軸を持つ円筒の中に一様な磁場が存在するものとする（図72）。磁力線は互いに平行だから、重力の方向に磁力線の数の密度は変化しない。したがって、磁束密度の大きさは、鉛直方向には変化しないと考えていることになる。

磁場が流体に及ぼす力は、磁力線の方向には成分を持たないので、流体の圧力勾配の鉛直成分は流体の密度と重力加速度の積に等しい。重力加速度は重力に垂直な水平方向ではいたるところ等しいから、流体の密度は水平方向ではいたるところ等しくなければならない（コラム41、42）。

円筒表面の電流に働くローレンツ力は円筒の外に向いているので、円筒内部の圧力は、その分だけ低くなければ平衡状態にはならない。密度は等しいので、圧力が低いということは温度が低いことを意味する。

実際の黒点は、直径千〜十万キロメートル、磁場の向きが互いに逆のものが一対になって出現することが多い。磁束密度の大きさは一〇〜四〇〇ミリテスラである。陽子などの粒子数密度は、およそ百兆個毎立方ミリメートル、表面温度は磁場の弱いところで五八〇〇ケルビン、黒点内部では四五〇〇〜三〇〇〇ケルビン程度に下がっている。このため黒点は黒く見えるのである（図72）。

〈コラム 41〉

基礎方程式

●磁電誘導の法則（電束電流を無視）

$$\mathrm{curl}\,\vec{H}=\vec{i}$$

$\vec{H}$：磁場　$\vec{i}$＝電流密度

●電磁誘導の法則

$$\mathrm{curl}\,\vec{E}+\frac{\partial\vec{B}}{\partial t}=0$$

$\vec{E}$＝電場　$\vec{B}$：磁束密度　t：時刻

●オームの法則

$$\vec{i}=\sigma(\vec{E}+\vec{v}\times\vec{B})$$

σ：電気伝導率　$\vec{v}$：流体の流速

●流体の運動方程式

$$\frac{\rho d\vec{v}}{dt}=-\mathrm{grad}\,p+\vec{i}\times\vec{B}+\vec{k}$$

ρ：流体の密度 p：圧力

$\vec{k}$：単位体積当たりの力

〈コラム 42〉

$$p+\frac{B^2}{2\mu_0}=\text{高さのみの関数}$$

$$\frac{\partial p}{\partial z}=\rho g$$

g：重力加速度（定数）
Bは高さに依存しないと
仮定している。

∴密度ρは高さのみの関数

電導性流体中の磁力線

電気伝導率が大きい流体の中に閉じた曲線を考える。流体が動けば、この閉曲線も流体とともに形や大きさを変えながら動く。この閉曲線を貫く磁力線の数すなわち磁束が変化すれば、電磁誘導の法則に従って、閉曲線に沿う起電圧が生じ、電気伝導率が大きいので大きな電流が流れて磁束の変化を止めてしまう（コラム43）。つまり、磁力線は流体に凍りついたように、流体と一体になって動き、流体をすり抜けて動くようなことはできない（図74）。電気伝導率が無限大ではなく有限な値を持つと考えなければならない場合には、磁力線は動きながら拡散していく（コラム44）。

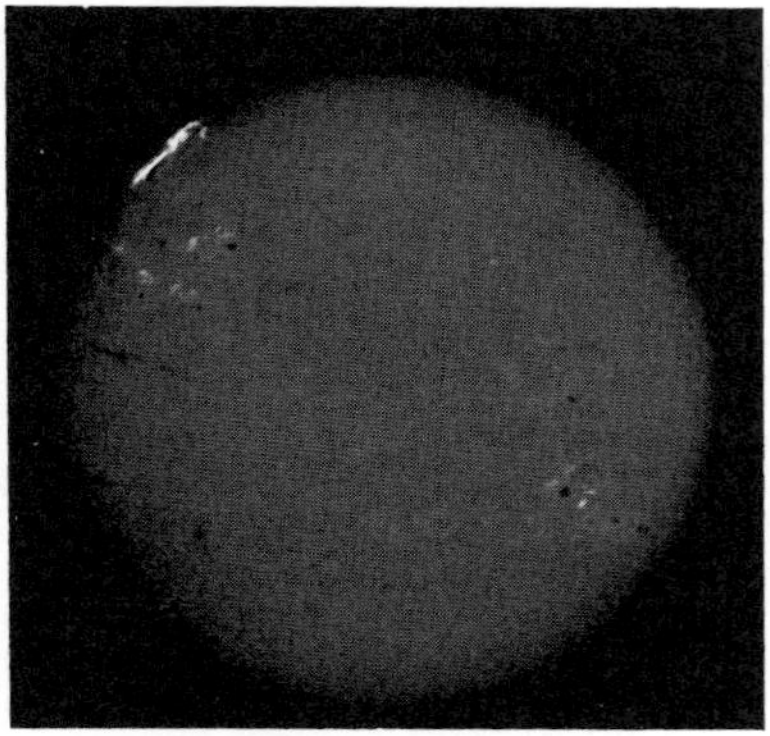

▲図 73　太陽の黒点

〈コラム 43〉

電磁誘導の法則

$$V + \frac{d\Phi}{dt} = 0$$

起電圧　$V = \oint (\vec{E} + \vec{v} \times \vec{B}) \cdot d\vec{s}$

磁　束　$\Phi = \int \vec{B} \cdot d\vec{S}$

閉曲線 C を縁とする曲面

〈コラム 44〉

磁場の拡散

$$\frac{\partial \vec{B}}{\partial t} = \mathrm{curl}\,(\vec{v} \times \vec{B}) + \frac{1}{\mu\sigma} \nabla^2 \vec{B}$$

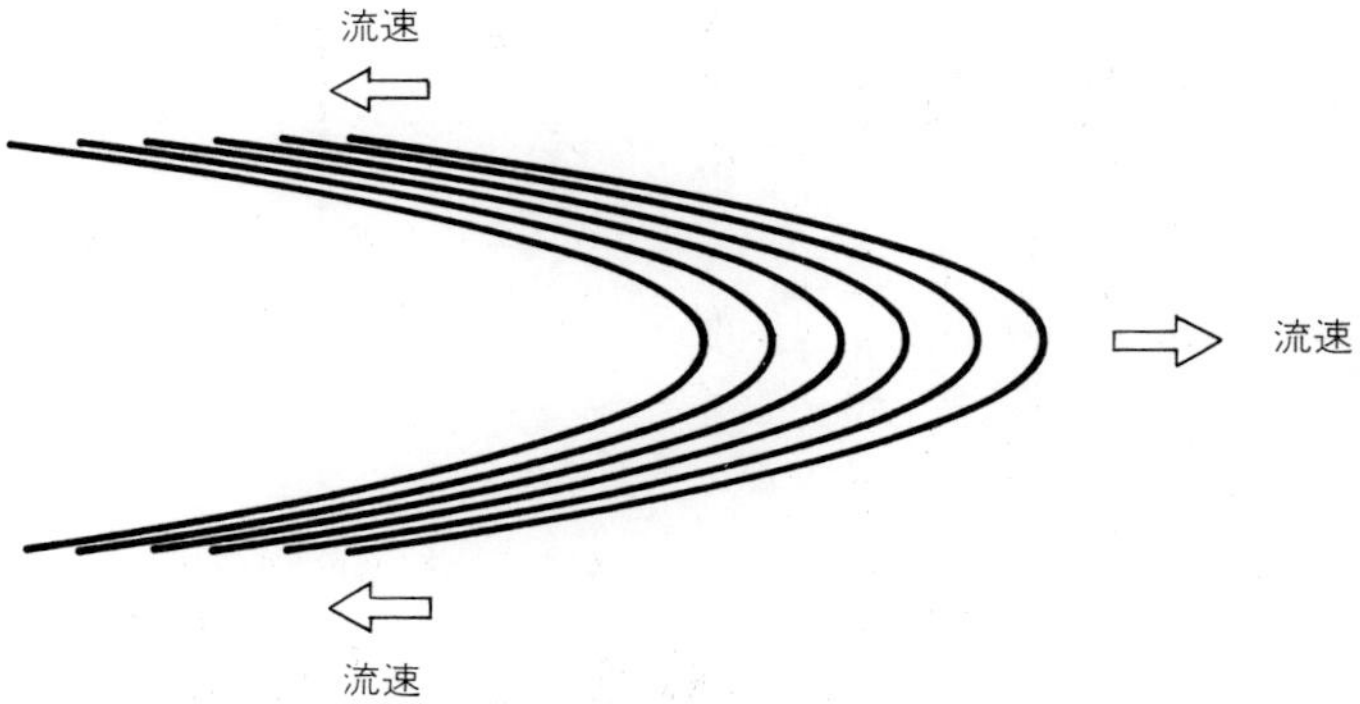

▲図 74　流体に凍りついた磁力線
流体にくっついて動く閉曲線を貫く磁束は変化しない.

例として、流れが磁力線に沿っている場合を考える。流れを横切って適当に閉曲線を描き、その閉曲線のすべての点を通る流線を描くと、側面を流線で覆われた管ができる。縮まない流体のように流体の密度が変化しないならば、流れの速いところで管は細い。したがって、流速の大きいところで磁場は強くなる。

動く導体中の電場

磁場の中を動けば電場が見える。導体が磁場中を動いている場合、電流は動く導体が見る電場に比例する。閉曲線に沿って起電圧を計算するとき用いる電場は、観測者が見る電場ではなく、導体とともに動く観測者が見る電場でなければならない（図75）。

太陽風

太陽からは、さまざまな原因で荷電粒子が流れ出している。それらは太陽風として地球近辺にも達し、電離層を乱して磁気嵐を起こすこともある。主な成分は陽子

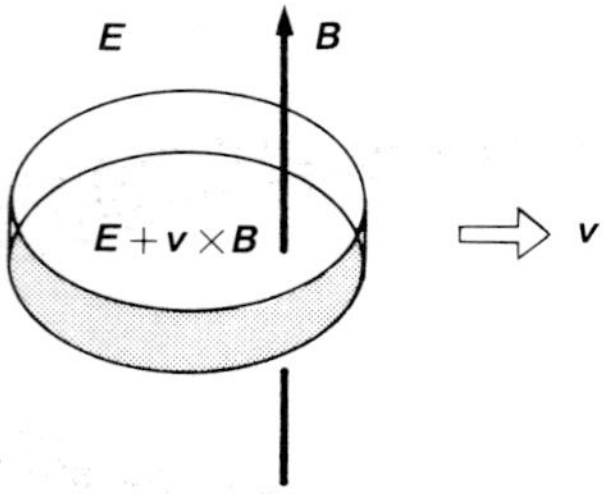

▲図75　動く導体中の電場

で、同数の電子を含んでいる。地球近傍では平均流速三二〇キロメートル毎秒、陽子の数密度は、およそ五個毎立方センチメートルで、温度は五〇〜一〇〇キロケルビンである。地球の磁場の磁力線は太陽風に吹かれて、夜側に地球半径の千倍以上の距離まで引き伸ばされている（図76）。

地磁気

地球の表面では三〇〜七〇マイクロテスラの磁束密度が観測される。地球は磁石のような性質を持っているのである。磁石の大きさは磁気モーメントによって表すことができる。磁気モーメントのSI単位は、面積一平方メートルの平面の周縁に沿って一アンペアの電流が流れている系の磁気モーメントを単位とする。地球の磁気モーメントは、およそ8×10^{22}アンペア平方メートルである。太陽系では、木星が地球の一万倍程度の大きな磁気モーメントを持っている。水星は地球の二千分の一、金星、火星、月などは一万分の一以下の磁気モーメントしかないことが、人工惑星の観測などで明らかにされた。

地球磁場は双極子型の磁場である。少なくとも過去数千万年にわたって双極子型であったと推定されている。双極子の軸は、ほぼ自転軸と一致している。ときに大きく離れ、逆転することもある。十万年から百万年程度の時間にわたって平均をとると、自転軸と一致しているものと考えられている。

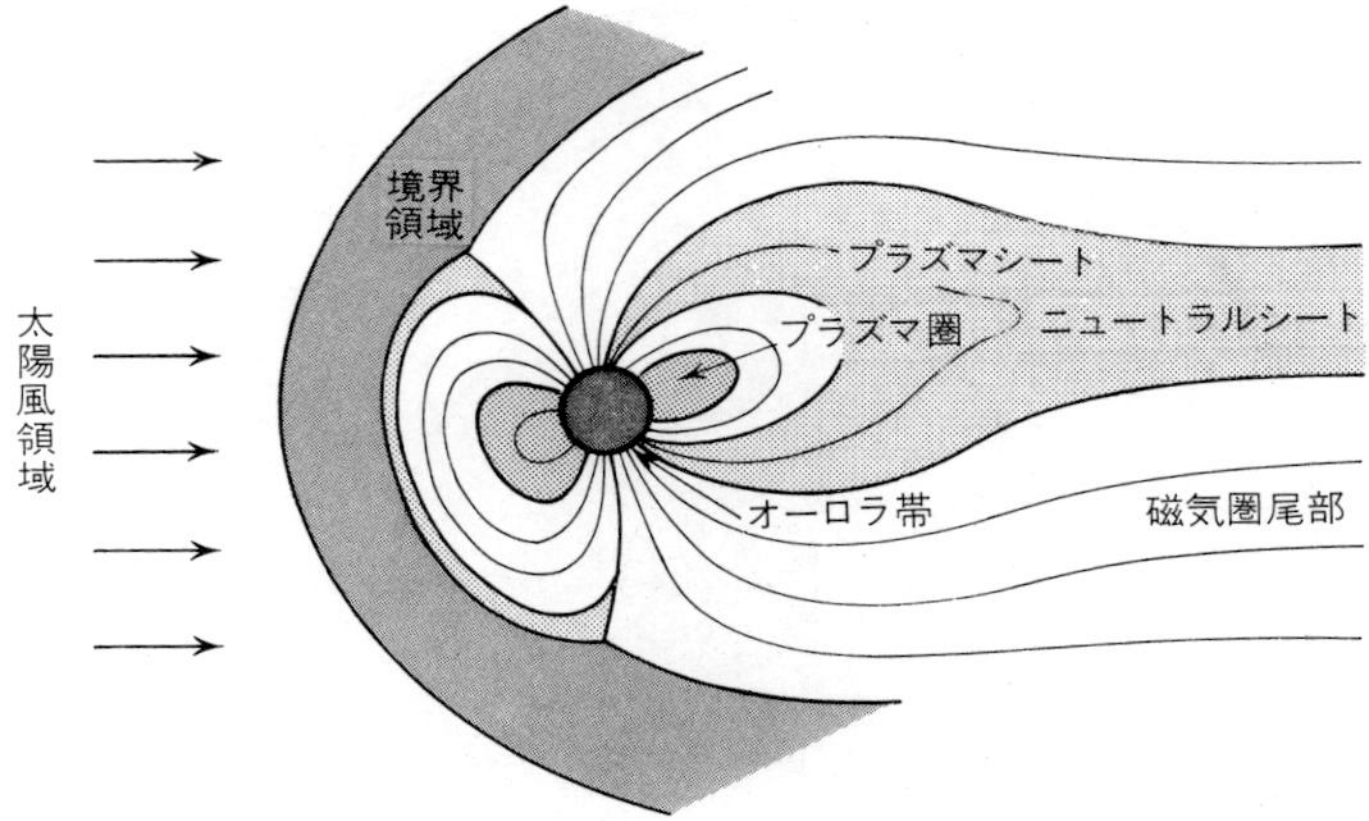

▲図 76　地球の磁気圏
太陽風で磁力線は吹き飛ばされる.

地球内部

中心から半径一二七〇キロメートル、地表から五一〇〇キロメートル以深の球の内部は内核とよばれる固体である。その外側、地表から二九〇〇キロメートルまでは外核とよばれ、電導性の流体である。電気伝導率は一〇〇キロジーメンス毎メートルと推定されている。核を包む層はマントルとよばれる固体であるが、年間数センチメートルの流速で対流のような運動をしているものと考えられている。マントル（mantle）とは、外套のことである。表層部は、厚さ数十から百数十キロメートルの固体である（図77）。

地磁気の成因

地球の磁場や、他の星の磁場はどのようにして発生し、維持されているのであろうか。これについては、多くの説が提出されたが、現在では、外

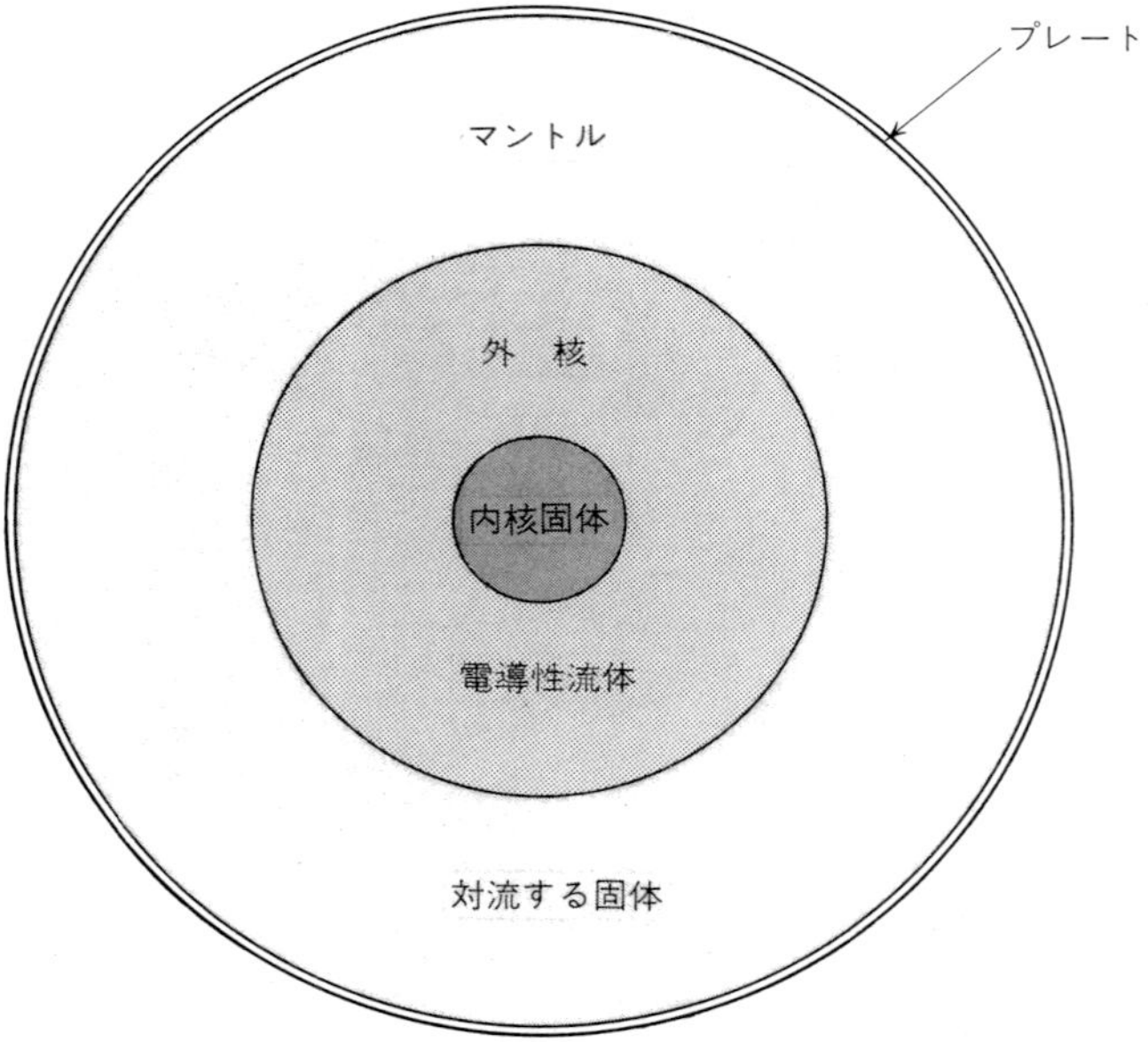

▲図 77　地球の断面図

核を構成する電導性流体の運動によって磁場にエネルギーが供給されるとするダイナモ作用説が一般に認められて来ている。ダイナモ（dynamo）とは発電機のことである。

もし、地球内部が流動性のない固体ならば、磁場が発生しえない。また、何億年も維持されることもない。火星や月の磁場が弱いのは、それらがすでに流動性をなくし冷え固まっていることを意味している。

円板ダイナモ

ダイナモ作用を示す最も簡単な例は、円板ダイナモである（図78）。導体の円板をその軸のまわりに回転させる。軸方向に磁場があるとすると、円板の回転によって軸から円板周縁に向かう半径方向に起電力が生じる。この起電力は電流をコイルに流す。その電流のつくる磁場はもとあった磁場と同じ向きである。したがって、円板の回転が十分速ければ、磁場は成長することになる。つまり、初め、種になる磁場があれば、円板の回転からエネルギーを受けて磁場を成長させ、磁場の種がなくなっても、自励的につくられた磁場によってダイナモ作用が続くことを示している。

自然界にこのような円板が存在するわけではない。また、このモデルは地球内部の核の対称性や等方性を持たない。したがって、このような円板モデルで、地磁気の発生や維持が説明されたわけではない。ただ、ダイナモ作用で説明できる可能性が示されたのである。

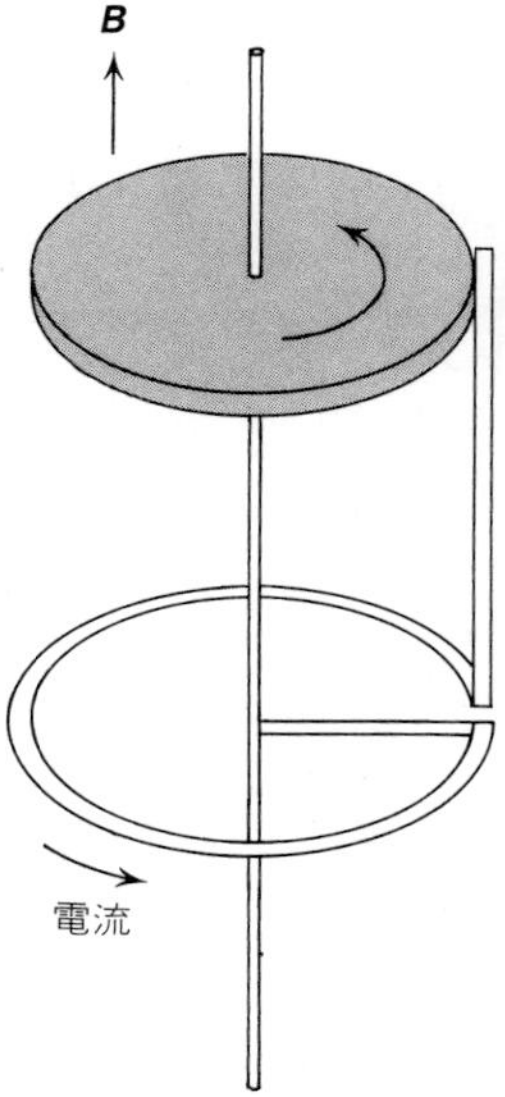

▲図 78　円板ダイナモ

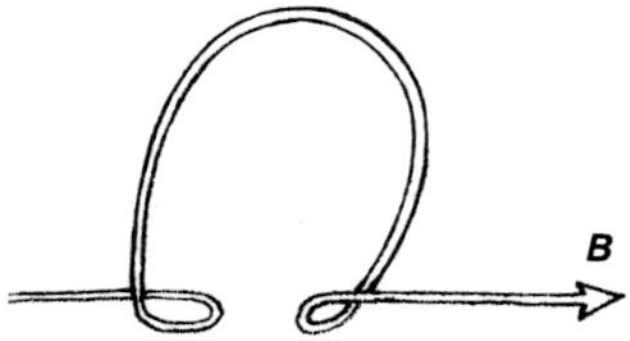

▲図 79　ねじれる磁力線

流体ダイナモ

電導性流体の中の電磁場は流体の運動によって変化する。また、運動は電磁場に影響される。このような電導性流体のふるまいは、マクスウェル方程式と流体の運動方程式によって記述される（コラム41）。良導体の中では、大きな電流が流れるので、磁電誘導の法則で、電束電流は伝導電流に比べて無視する。電流は電場に比例するが、流体は動くので、動いている流体から見た電場に比例する。

地球の中心付近は流体で、対流が生じているとする。地球は自転しているので、角運動量が保存するためには、地軸に近い方が回転速度は大きくなければならない。流体に凍りついた磁力線は流線方向に引き伸ばされ、東西方向の磁場が強くなる。

この東西方向の磁力線が対流によって地表方向に持ち上げられると、流体にコリオリ力（地学の分野では、転向力という）が働いて、流れの向きが変わり、南北方向の成分を持つようになる。磁力線も流れに凍りついていっしょに動くので、磁場にも南北成分ができる（図79）。

簡単に言えば、このようなダイナモ作用によって、地磁気は生じ、維持されているものと考えられている。したがって、自転していることと、中心部に電導性流体が対流を起こしていることが必要である。

プレートテクトニクス

地球表面は、十数枚のプレートとよばれる板状の岩体で覆われている。個々のプレートは、それぞれ一枚の岩の板として地表に沿って水平に移動する。二つのプレートが接する境界では、地震・火山・造山運動などの地殻変動が起こる。このように地球表面の諸現象をプレートの動きで説明しようとする地球物理学の分野をプレートテクトニクス (plate tectonics) という。テクトニクスとは、構造に関する学問という意味である。

プレートテクトニクスは一九六〇年代に地球内部開発計画とよばれる国際協力研究で提唱され、引き続き一九七〇年代に行われた地球内部ダイナミックス計画によって確立された。日本の地球物理学者たちも当初から研究に参加し、大活躍している。プレートテクトニクスは地球科学に革命をもたらしただけでなく、地震予知・噴火予知・地下資源発見などに対する実用性も実証されている。

プレートは地殻を含む厚さ数十から百数十キロメートルで水平方向に数千キロメートルの広がりを持つ岩石層である。この層の下には、岩石が部分的に融解して流動する高温の層があると考えられている。この流体が噴き出して固まったものがプレートである。噴き出し口は海底にあって帯状につながり、海嶺とよばれている。大西洋の中央、インド洋中央、太平洋東部などにあり、全長は約六万キロメートルに及ぶ。海嶺の頂部には深さ五〇〇〜一五〇〇メートル、幅二〇〜五〇キロメートルに達する大きな裂け目が発達し、海底が二つに裂けていることを示している。

プレートが移動する速さは年間数センチメートルである。移動するプレートが衝突して一方が他

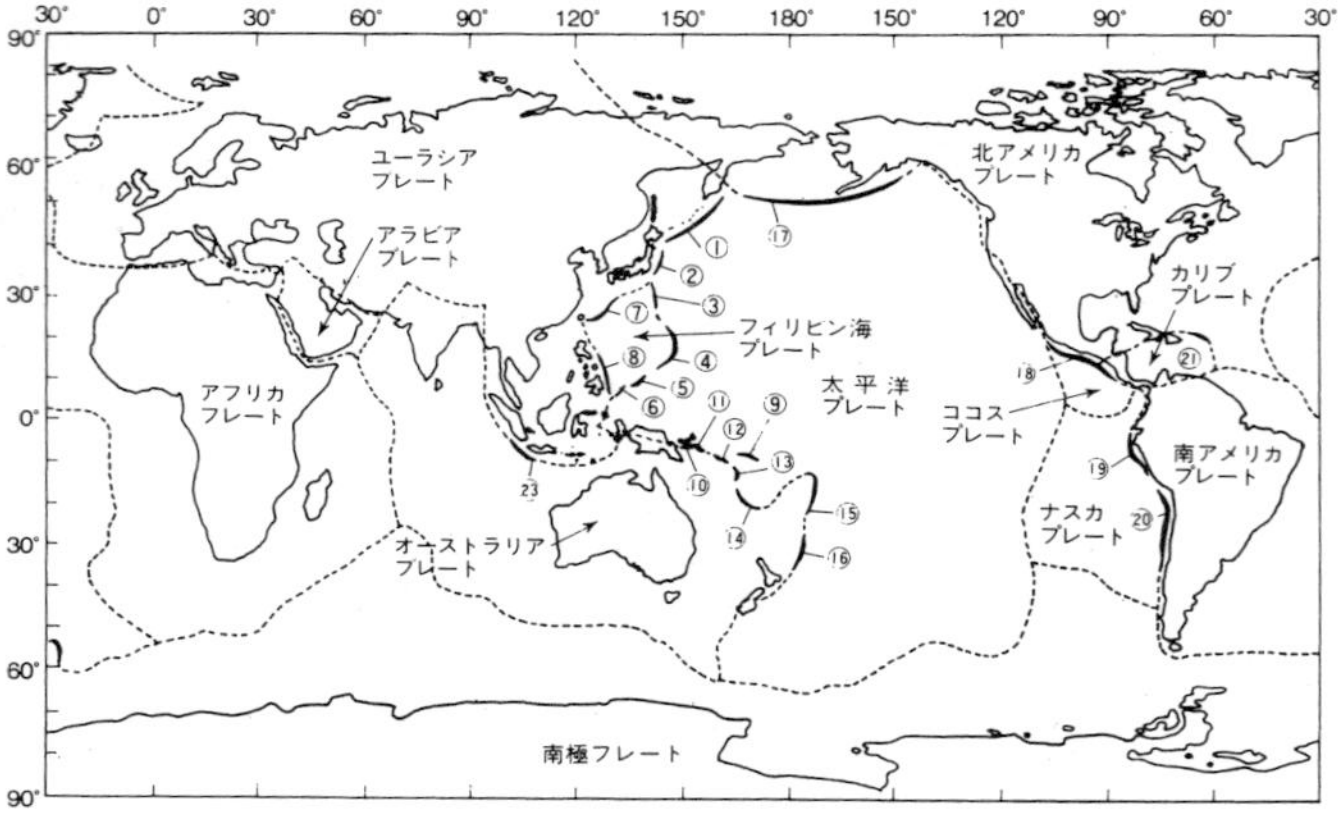

▲図 80　プレート

丸で囲んだ数字は海溝の番号．破線はプレートの境界を示す．(1)千島・カムチャッカ海溝，(2)日本海溝，(3)伊豆・小笠原海溝，(4)マリアナ海溝，(5)ヤップ（西カロリン）海溝，(6)パラオ海溝，(7)南西諸島（琉球）海溝，(8)フィリピン海溝，(9)東メラネシア（ビーチャシ）海溝，(10)ニューブリテン海溝，(11)ブーゲンビル海溝，(12)サンクリストバル（南ソロモン）海溝，(13)北ニューヘブリデス（サンタクルーズ）海溝，(14)南ニューヘブリデス海溝，(15)トンガ海溝，(16)ケルマデック海溝，(17)アリューシャン海溝，(18)中米海溝，(19)ペルー海溝，(20)チリ海溝，(21)プエルトリコ海溝，(22)南サンドウィッチ海溝，(23)ジャワ（インドネシア）海溝．［国立天文台編：理科年表，平成 4 年版（丸善）より］

の下にもぐり込む場所は海溝である。日本海溝は太平洋プレートがユーラシアプレートの下にもぐり込んでできた溝である。もぐり込んだプレートはマントルの中に沈み込んで融解し消滅する。プレートを動かすエネルギーは、マントルの対流から供給されると考えられている。しかし、今のところ、マントル対流を直接観測する手段はない。

12 因果は巡る

光線

第8章に触れたように、光は電磁波であると同時に、粒子のような性質も合わせ持っている。ここでは、線のようなものだと考える。その線は、異なる媒質の境界面で一定の法則に従って折れ曲がる。

光線は、光が粒子ならば、その粒子の軌跡である。波ならば、位相の等しい点を連ねた面すなわち波面に垂線を立て、これを順につなぎ合わせてできる線である。

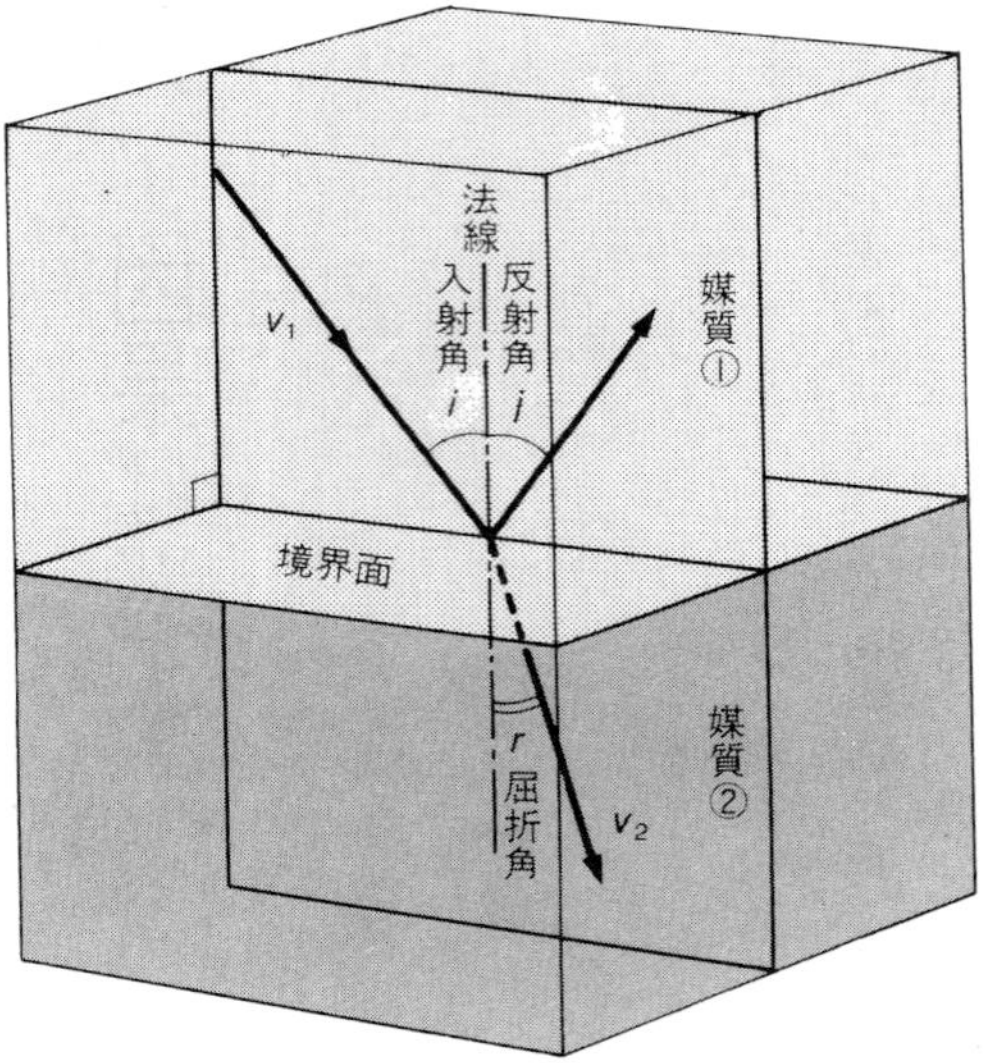

▲図 81　反射と屈折

反射の法則

　光線が媒質の境界面に当たると、跳ね返される。境界面上で光線が当たった位置に法線を立てる。この法線と、当たった光線が張る角を入射角といい、跳ね返った光線と法線が張る角を反射角という（図81）。入射光線と反射光線と法線は同一平面上にあり、入射角と反射角は等しい。これを反射の法則という。

　光が粒子なら、入射光線に沿って飛んで来た粒子が境界面で法線方向の力を瞬間的に受けるものと考える。このとき、境界面に平行な方向には力を受けないとすれば、平行な方向の運動量成分は変わらない。また、運動エネルギーを失うこともないとすれば、法線方向の運動量成分は符号が変わるだけ

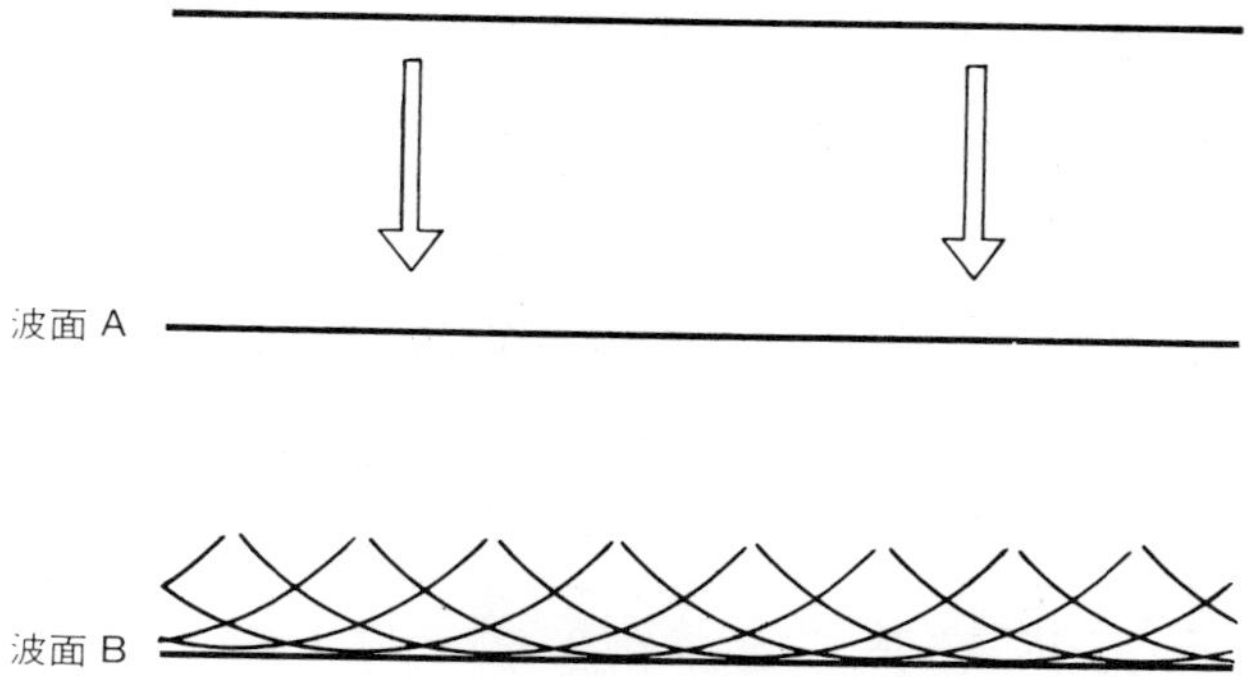

▲図 82　ホイヘンスの原理
現在の波面 A 上の無数の点のそれぞれを波源として新たな球面波（素源波）が前方に広がる．この 1 周期後を考えれば，素源波は半径が波長に等しい球となる．この球面の包絡面が，波面 A の 1 周期後の波面 B となる．

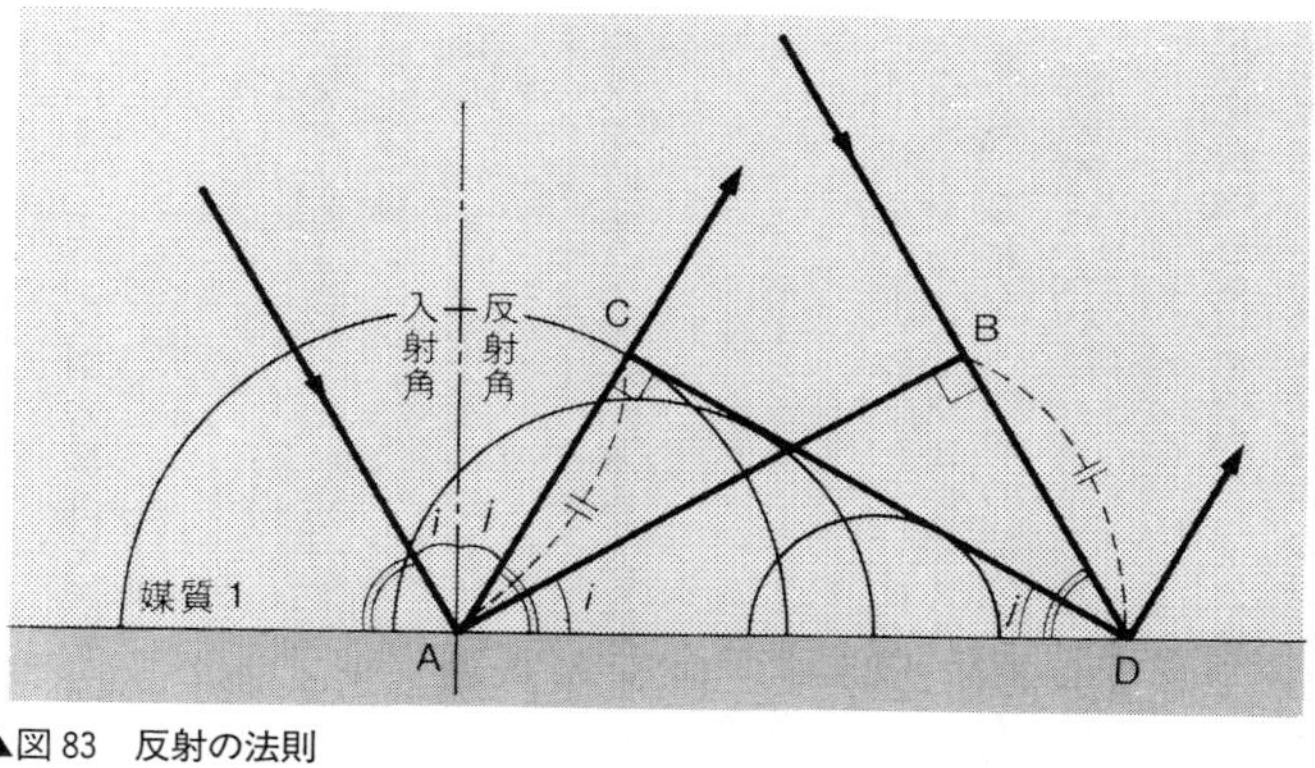

▲図 83　反射の法則
入射波の波面 AB が境界面に達すると，A に近い方から順次反射される．入射波と反射波の速度は等しいから，B が境界面上の D に達したとき，A から出た素源波は中心 A で BD に等しい半径の球面上まで進んでいる．このときの反射波の波面は，AD 上の各点から少しずつ遅れて出た素源波に共通に接する面 CD である．△ABD と △DCA は合同であるから，入射角 i と反射角 j とは等しい．

である。したがって、反射の法則が成り立つことになる。

光を波だと考えると、ホイヘンスの原理（図82）によって、反射の法則を説明できる（図83）。

平面鏡

鏡で自分の顔を見ると、左右が反対になって見える。右手を映すと、左手に見える。右ネジは、左ネジに見える。湖面に映った富士山は上下が逆さまに見える。なぜだろうか。動いているものは、どのように映るであろうか。[1] 電場や磁場が関係している現象を鏡に映して観測すると、現実の世界と違いがあるであろうか。

このような一見つまらなそうな問題も、自然界の根本原理にかかわる重大な問題なのであるが、[2] 本書では触れない。

屈折の法則

光が異なる媒質に入ると、進行方向が変わる（図81）。この現象を屈折といい、入射角と屈折角の正弦（サイン）の比は、入射角によらず一定である。これをスネルの法則という。その一定値は、各媒質中の光速によって決まる（コラム45）。波動説によれば、光速の遅い方の媒質を進む光線の方向が法線の方向に近い（図84）。

ニュートンは光が粒子であると考えて、光の屈折を説明した（図85）。それによれば、波動説による結果とは逆に、境界面の法線の方向に近い方向に進む光線の媒質中の光速が速い。フーコー

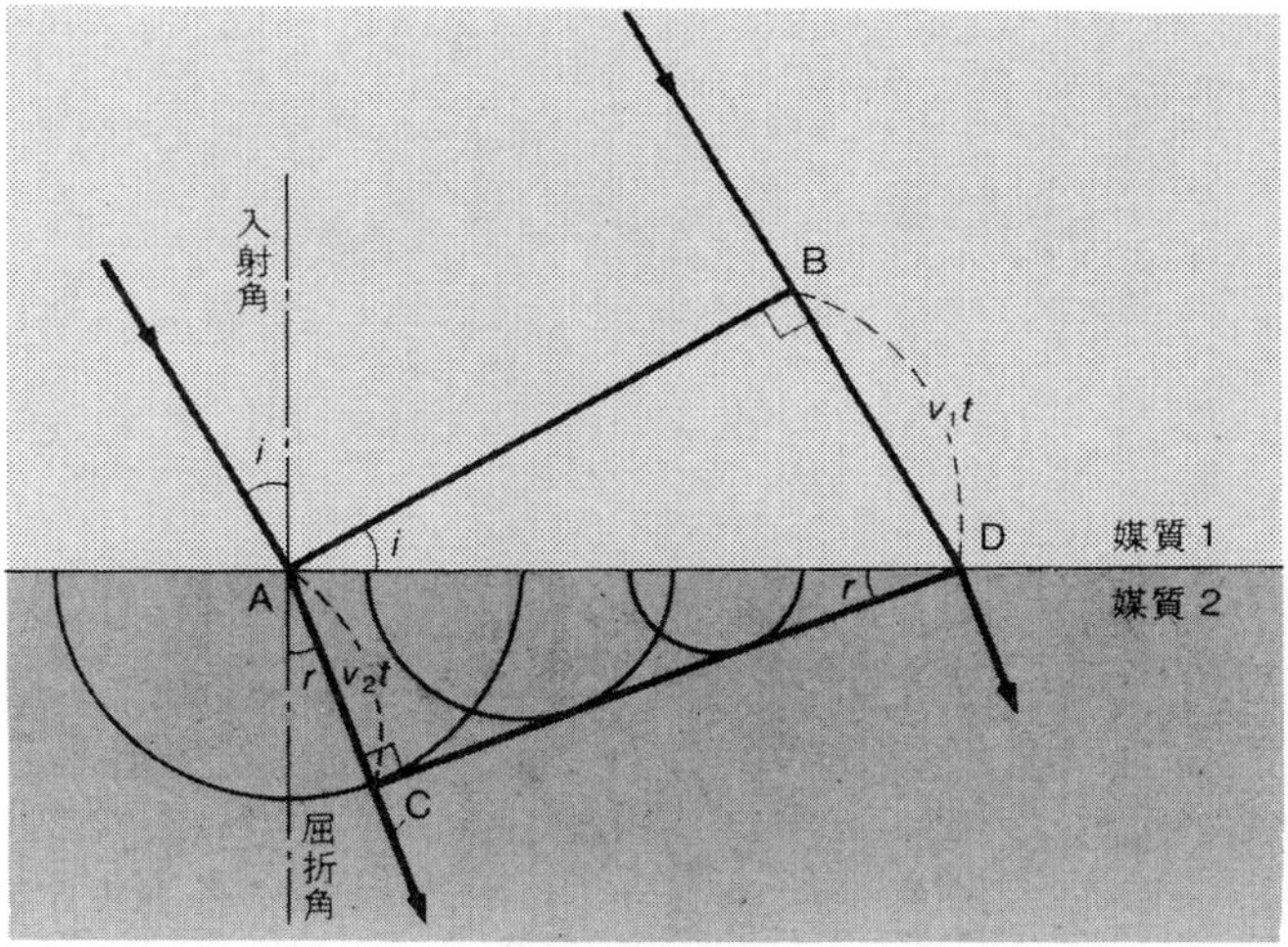

▲図 84　屈折の法則

波面 AB 上の A が境界面に達してから時間 t の後に B が境界面上の D に達したとすると $BD=v_1t$ で，そのとき A から出た素源波は A を中心とする半径 v_2t の円周上まで進んでいる．この場合も AD 間の各点から少しずつ遅れて出た素源波の包絡面 CD が屈折波の波面になる．△ABD と △ACD について $AD\sin i=BD=v_1t$ と $AD\sin r=AC=v_2t$ であるから，屈折の法則

$$\sin i : \sin r = v_1 : v_2$$

が成り立つ．左辺の比が入射角 i に依存しないというのが，スネルの法則である．

〈コラム 45〉

屈折の法則

波動説

$$\frac{\sin i}{\sin r}=\frac{v_1}{v_2}$$

ニュートンの粒子説

$$\frac{\sin i}{\sin r}=\frac{v_2}{v_1}$$

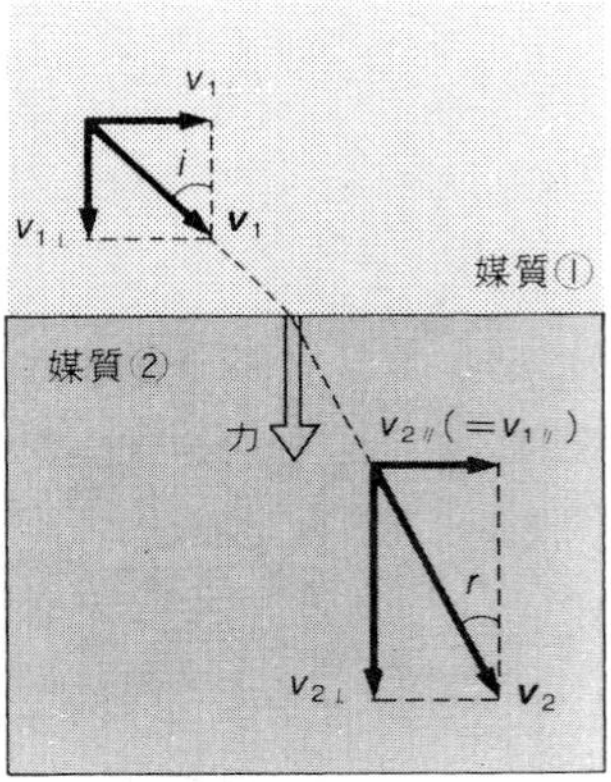

▲図85　ニュートンの光粒子説
媒質①での光速を v_1，媒質②での光速を v_2 とする．境界面に平行な速度成分は屈折後も変わらないと考えられるので，$v_1 \sin i = v_{1\parallel}$, $v_2 \sin r = v_{2\parallel}$ である．したがって，ニュートンの屈折の法則は

$$\sin i : \sin r = v_2 : v_1$$

ということになる．なお，垂直な速度成分は，$v_1 \cos i$ から $v_2 \cos r$ に加速される．

は、空気中と水中での光速を測定して、波動説の結果の方が正しいことを示した。

フェルマの原理

光は二点間を結ぶ任意の経路のうち、最短時間で到達する経路を進む。これをフェルマの原理という。古代アレクサンドリアのヘロンの、光の反射における最短距離の法則を屈折の場合にまで拡張したものである。

フェルマの原理を満たす経路は、反射の法則および屈折の法則を満たす経路にほかならない。フェルマの原理は媒質が連続的に変化していても、そのまま当てはまる。

楕円面鏡

楕円は二定点からの距離の和が一定の点の軌跡である。それらの定点を焦点という。二焦点を軸として回転させて鏡をつくると、一方の焦点から放射された光線は楕円の内面で反射されて、もう一方の焦点に集まる（図86）。凸面鏡なら、焦点に集まるように進む光線は、もう一方の焦点から放射されるように反射される。

楕円をその面に垂直に動かしたときできる楕円周の軌跡は楕円筒になる。動かした方向に垂直な断面の切り口は図86の楕円と同じである。焦点の軌跡は直線になる。直線状の光源を焦点の軌跡の上に置けば、光線は他の焦点の軌跡の上に集まる。この性質を利用して、直線状光源からの光を効

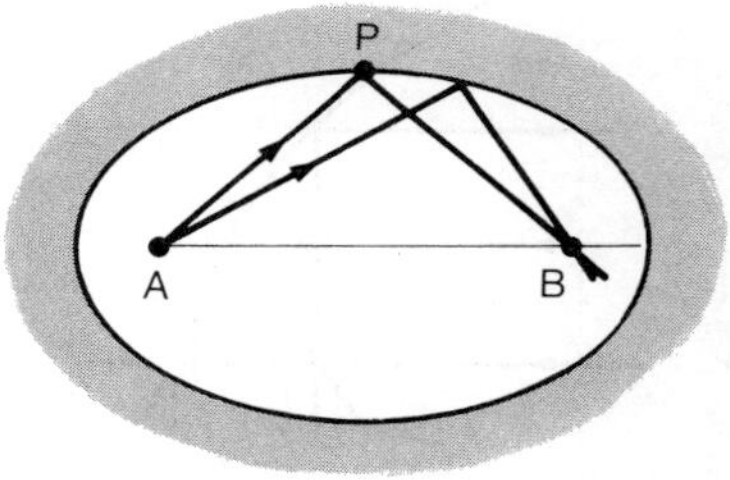

▲図 86　楕円面鏡による反射
二つの焦点からの距離の和はすべて等しい．焦点Aから放射されて楕円面で反射された光線のうちの，どれか1本が焦点Bに達するならば，その経路は両焦点を結ぶ最短経路である．楕円の対称性から明らかなように，点Pで反射される光線は焦点Bを通る．焦点Aから放射され，楕円面で反射されて焦点Bに至る経路の長さは，すべて等しいから，すべて最短経路である．したがって，一方の焦点から放射されて，楕円面で反射されたすべての光線は他の焦点に集まる．

率よく直線状レーザー試料に収束させて励起させることができる。

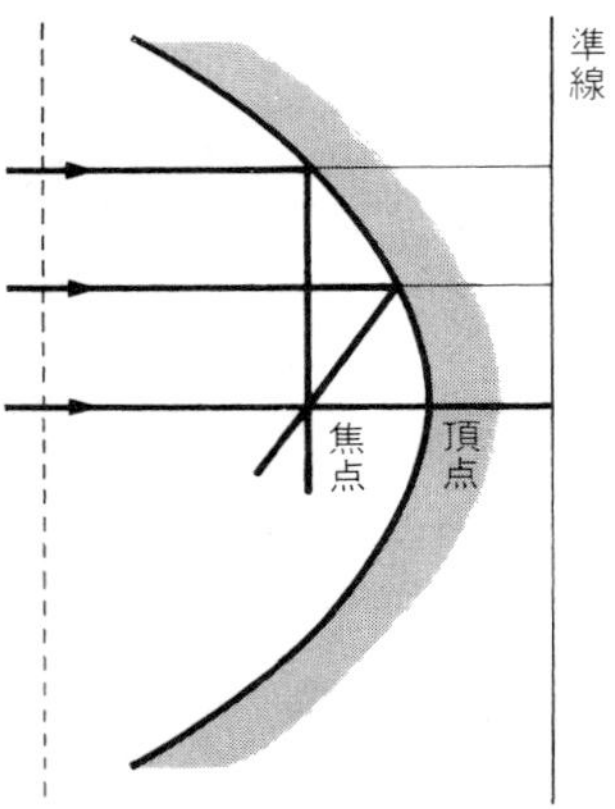

▲図 87　放物面鏡による反射
定直線（準線）からの距離と，準線上にない定点（焦点）からの距離が等しい点の軌跡を放物線という．放物線の焦点を通り準線に垂直な直線を放物線の軸，軸と放物線の交点を放物線の頂点という．この放物線を軸のまわりに回転させてできる面が回転放物面である．点線の直線を通って，軸に平行に進み，反射されて焦点に達するまでの経路の長さは，点線の直線と準線間の距離に等しい．軸に平行な光線は，軸上で無限のかなたにある点から放射状に出た光線だと考えることができる．つまり，無限遠点から出て放物面で反射され焦点に至る経路は放物面のどこで反射されても，距離は同じである．

放物面鏡

放物線を軸のまわりに回転させて回転放物面の凹面鏡をつくる。軸に平行な光線は、すべて焦点に集まる（図87）。静止衛星からの電波を受ける回転放物面（パラボラ）アンテナはこの性質に基づいている。凸面鏡の場合、軸に平行な光線は、すべて焦点から放射されたように反射される。

双曲面鏡も同様である（図88）。

太陽炉

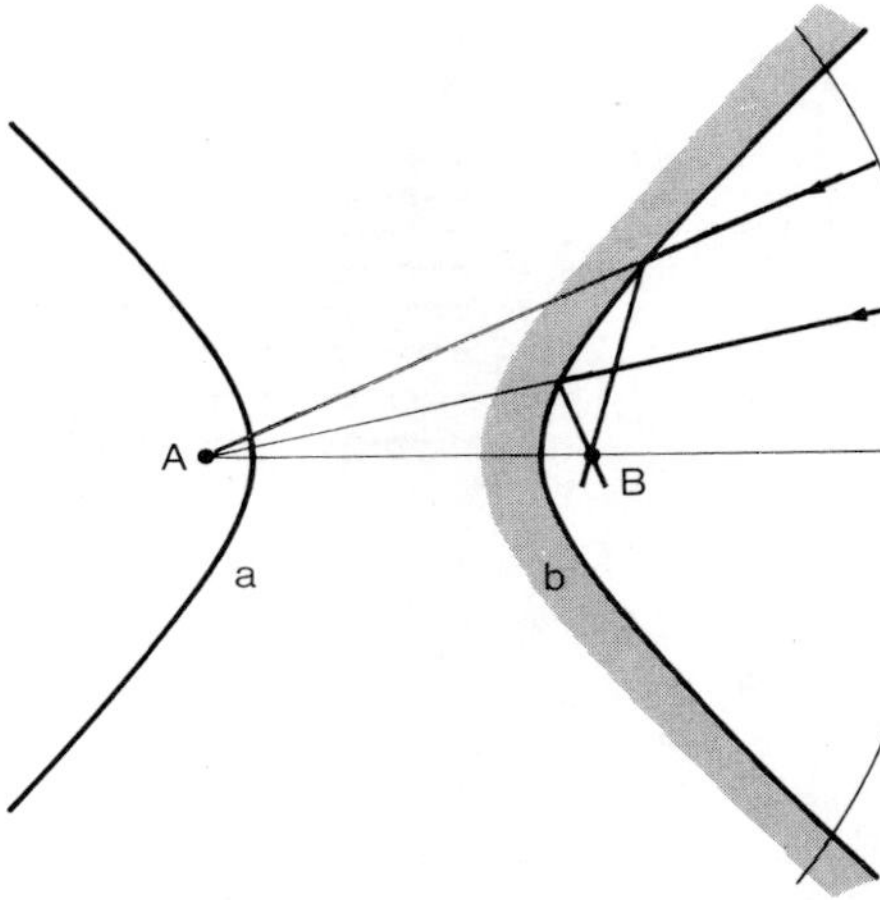

▲図 88　双曲面鏡による反射
焦点AとBからの距離の差が一定の曲線が，双曲線である．焦点Aから出発し，双曲線aとbを突き抜け，焦点Aを中心とする球面cで反射され，さらに双曲線bで反射され，焦点Bに至る経路を考える．光線が反射される位置にかかわりなく，図の経路が最短距離である．したがって，焦点Aに向かう光線は双曲線bで反射されて，焦点Bに集まる．

鏡などを用い太陽の光線を集中させ、高温を得る装置を太陽炉[3]という。フランスのピレネー山中には、放物面鏡の直径が一〇メートル程度の太陽炉が建設されている。直径が二メートル程度の太陽炉は世界中各所にある。

これらの太陽炉によって、セルシウス温度（セ氏）で三〇〇〇度から三五〇〇度の高温が得られる。普通の炉と違って、炉壁などから混入する不純物に煩わされることなく、高融点金属の融解、耐火レンガなど耐熱材料の試験ができるようになった。必要によっては、任意の気体中でも真空中でも加熱できる。熱はほとんど試料面だけに集中されるので、急速な加熱が可能である。また

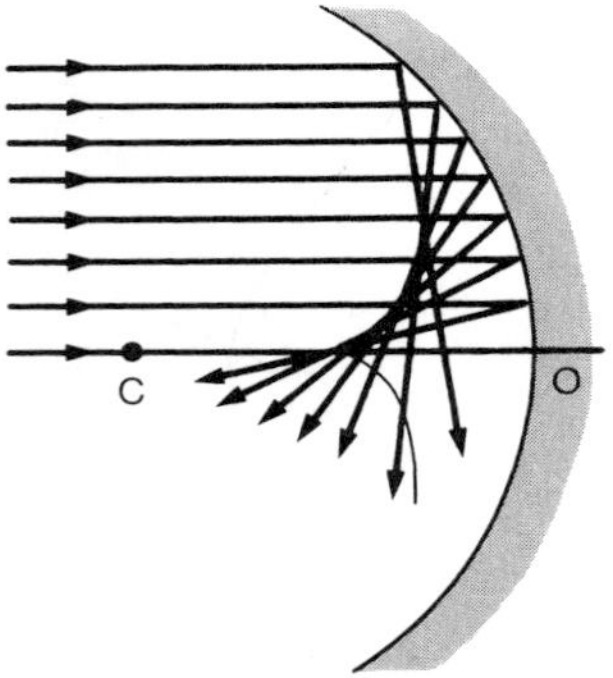

▲図 89　球面鏡による反射
主軸 OC に近い光線は 1 点に集まると見なせる.

太陽光線を遮るだけで高温状態から急速に冷却する。欠点は、晴れた日の昼間でなければ使えないことと、エネルギーの総量が小さいために大量の試料を加熱するのが困難なことである。

太陽炉で得られる温度の上限は、太陽の表面温度（セ氏五五〇〇度）である。熱力学の第二法則が示すように、熱は温度の高い方から低い方へ流れるからである。実際の太陽炉では、この上限よりかなり低い温度までしか到達していない。主な理由は、放物面が不完全であること、鏡の反射率が百パーセントではないこと、大気による日射の吸収などである。

球面鏡

球の内面が鏡になっているものを凹面鏡、外面が鏡のものを凸面鏡という。球の中心を通る直線を主軸、主軸と球面が交わる点を頂点という。主軸に平行な光線は、主軸からあまり離れていない場合、凹面鏡で反射されて、ほぼ一点に集まる。その点を焦点といい、頂点と球の中心の中点に位置する。主軸から遠い光線は、焦点よりも頂点に近いところを通る（図89）。主軸上の一点から出た光線は、凹面の各点で反射されて、主軸上の一点に集まる。それら相互の位置には、簡単な関係がある（図90、コラム46）。

〈コラム 46〉

球面による反射

$$\frac{1}{a}+\frac{1}{b}=\frac{1}{f}$$

f：焦点距離

凹面鏡では $f>0$，凸面鏡では $f<0$

a：頂点から物体までの距離

反射面の側にあるとき $a>0$

b：頂点から像までの距離

反射面の側にあるとき $b>0$

〈コラム 47〉

屈折率

$$n=\frac{\sin i}{\sin r}=\frac{c}{v}$$

c：真空中の光速

v：媒質中の光速

〈コラム 48〉

相対屈折率

媒質1に対する媒質2の相対屈折率

$$n_{12}=\frac{n_2}{n_1}=\frac{k_2}{k_1}=\frac{\lambda_1}{\lambda_2}=\frac{v_1}{v_2}$$

	屈折率	波数	波長	速度
媒質1	n_1	k_1	λ_1	v_1
媒質2	n_2	k_2	λ_2	v_2

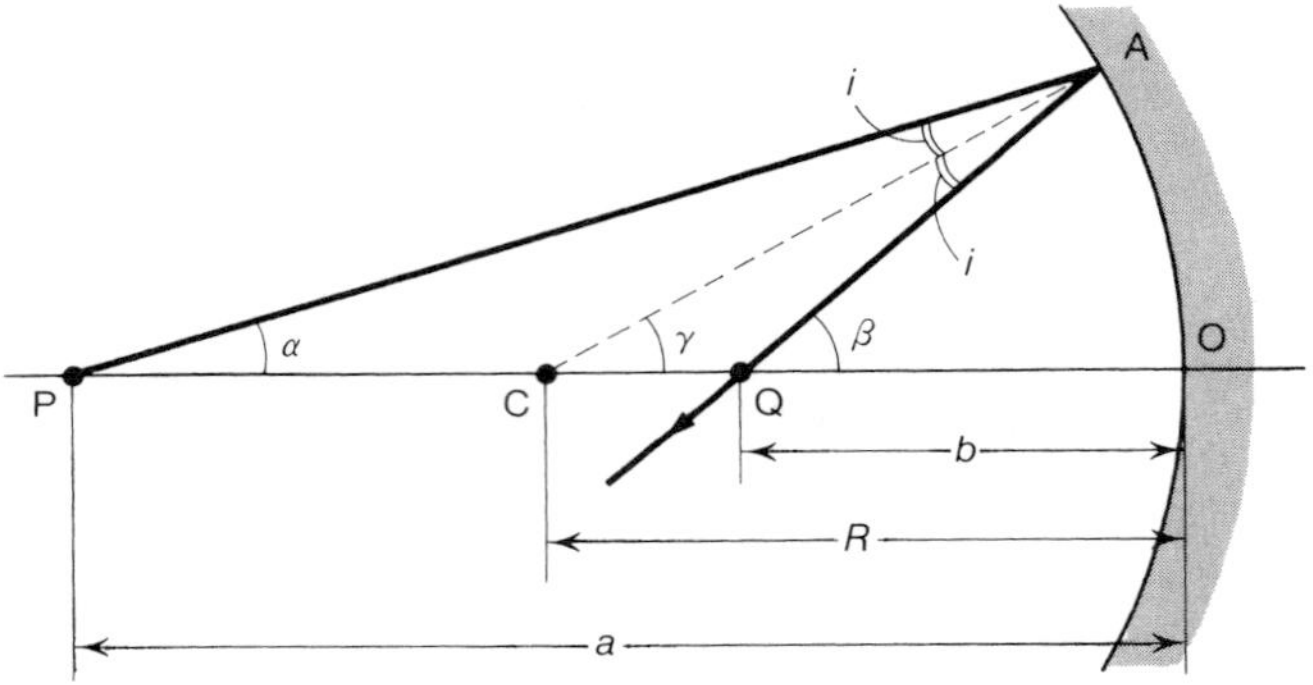

▲図 90　凹球面による反射
主軸上の点 P から出た光線が，球面上の点 A で反射して，主軸上の点 Q を通るとする．点 A では反射の法則が成り立っているから，三角形の角の関係を用いて

$$\boldsymbol{\gamma} - \boldsymbol{\alpha} = \boldsymbol{\beta} - \boldsymbol{\gamma} = i$$

となる．点 A が頂点 O に近い場合，光線は主軸と小さい角で交わる．この場合，$\widehat{OA}=h$ とおいて $\boldsymbol{\alpha} \fallingdotseq h/a$，$\boldsymbol{\beta} \fallingdotseq h/b$，$\boldsymbol{\gamma} \fallingdotseq h/R$ と近似し（近軸光線の近似という），上の式に代入すれば

$$\frac{1}{a}+\frac{1}{b}=\frac{2}{R}$$

が得られる．つまり，点 P を出て反射された光線は，すべて点 Q に集まる．点Pを無限に遠ざけたとき，点 Q の位置を焦点という．このときの OQ 間の距離を焦点距離という．焦点距離 $f=R/2$ である．$a<f$ なら $b<0$ となる．点 Q が頂点 O の右にあって，点 Q から放射されたように，球面で反射される．

球面鏡では、主軸に平行な光線が厳密には一点に収束しない。しかし、中心を通る直線はすべて主軸だと考えられるので、特定の主軸に平行でない平行光線もほぼ一点に収束する。回転放物面鏡では、主軸に平行な光線はすべて厳密に一点に収束するが、主軸は一つだけで、他の方向の平行光線は一点には収束しない。

屈折率

真空中の光速を媒質中の光速で割った商を、その媒質の屈折率という（コラム47）。媒質①を伝わる光の速度を媒質②での光速で割った商を、媒質①に対する媒質②の(相対)屈折率という。相対屈折率は、媒質②の屈折率の媒質①の屈折率に対する比である。これは波数や波長など、他の量で表すこともできる（コラム48）。

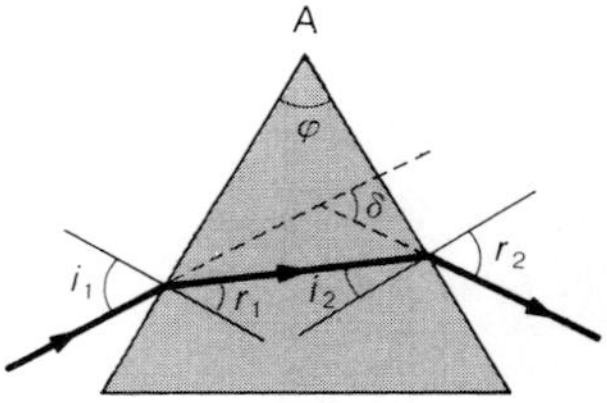

▲図 91　プリズムによる屈折
ϕ：頂角
δ：偏角

プリズム

プリズムとは、角柱のことである。光学機器では、透明な三角柱が多く用いられている。プリズムの側面に入射して屈折した光線は、別の側面でもう一度屈折されて外に出る（図91）。入射光線と射出光線とのなす角を、ふれの角あるいは偏角という。偏角は、入射光線と射出光線がプリズムに対して対称な関係にあるとき最小になる。最小偏角はプリズムの屈折率と形で決まる。

屈折率は光の振動数あるいは波長つまり色によって異なる。したがって、入射した光線は色によって射出される方向が異なる。この現象を光の分散という。太陽光線を入射させると、射出光線は虹の七色に分かれる。

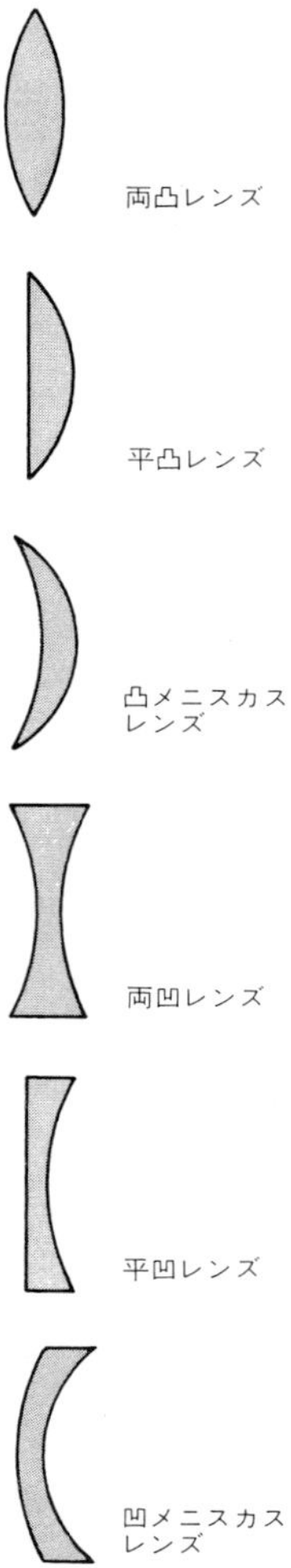

▲図 92　さまざまなレンズ

因果律

電場に比例して媒質は分極される。電場が時間的に変化する場合、ある時刻の分極は過去の電場によって定まる。つまり、電場が原因で分極は結果であると考えることができる。電場が正弦的に振動する場合、分極と電場の比例定数（電気感受率）は振動数に依存する。屈折率は、電気感受率に依存するので、振動数に依存する。この事実から、分散のある媒質中を光が伝わるときには、光は必ず吸収され、光から熱へのエネルギー変換を伴うという結論が導き出される。[4]

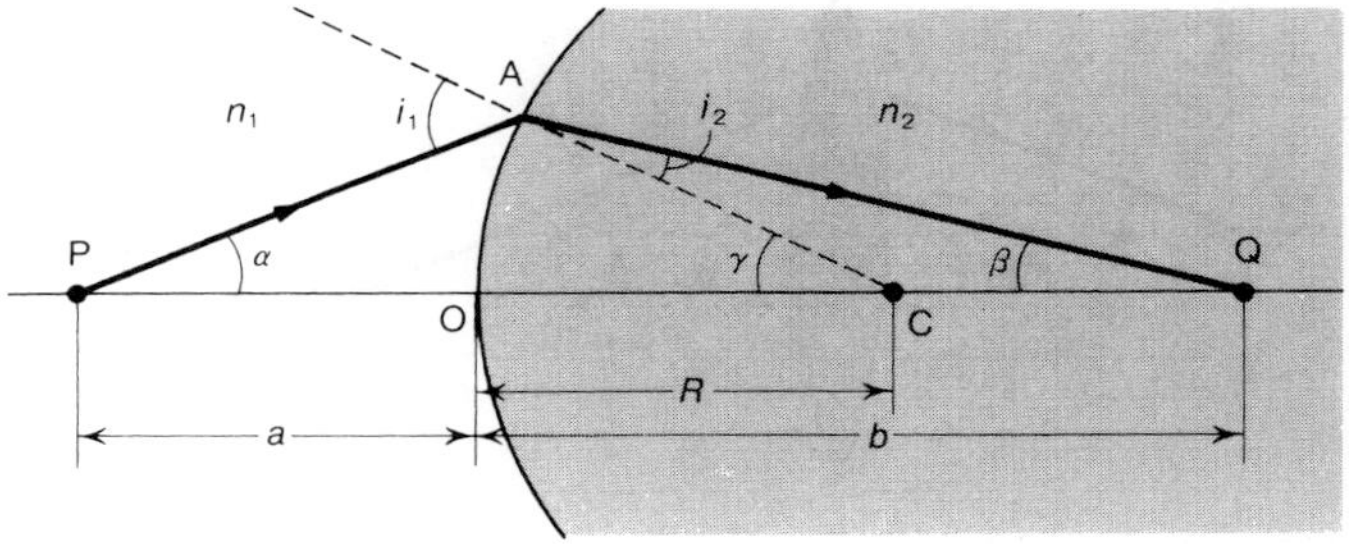

▲図 93　球面による屈折

屈折の法則　$n_1 \sin i_1 = n_2 \sin i_2$

幾何学的関係　$i_1 = \boldsymbol{\alpha} + \boldsymbol{\gamma}$　$i_2 = \boldsymbol{\gamma} - \boldsymbol{\beta}$

近軸条件　A→O　$n_1 i_1 = n_2 i_2$

$\boldsymbol{\alpha} \fallingdotseq h/a,\ \boldsymbol{\beta} \fallingdotseq h/b,\ \boldsymbol{\gamma} \fallingdotseq h/R$

$(h = \overset{\frown}{\mathrm{OA}})$

$$\therefore \quad \frac{n_1}{a} + \frac{n_2}{b} = \frac{n_2 - n_1}{R}$$

空に架かった美しい虹の橋も、水滴に光が吸収されて熱に変わりエントロピーを生成する不可逆過程である。[5] 因果が巡り巡って、何の関わりもないように見える事柄が結び付いて、このような結論を引き出したのである。

レンズ

二つの球面で区切られた透明体をレンズという（図92）。レンズという言葉は、両凸レンズのような形の豆の名に由来する。

両球面の曲率中心を結ぶ直線をレンズの光軸という。まず、光軸上の一点（物点）から出た光線は第一の球面で屈折するとき、光軸上の一点に集束するように進む（図93、94）。それらの光線群は第二の球面で屈折されて光軸上の一点（像点という）に集まる（図94）。レンズの厚みを無視する場合、薄レンズという。

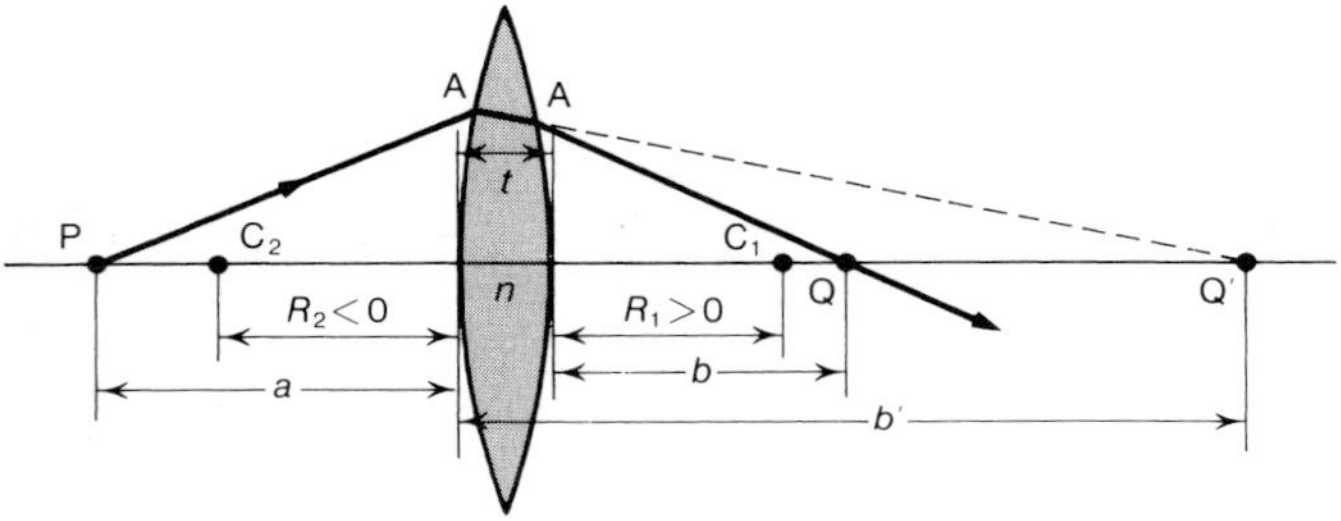

▲図 94　薄レンズによる屈折
レンズは薄い（$t=0$）とし，レンズの屈折率は n，レンズの外の空気の屈折率は 1 とする．

$$\frac{1}{a}+\frac{1}{b}=(n-1)\left(\frac{1}{R_1}-\frac{1}{R_2}\right)=\frac{1}{f}$$

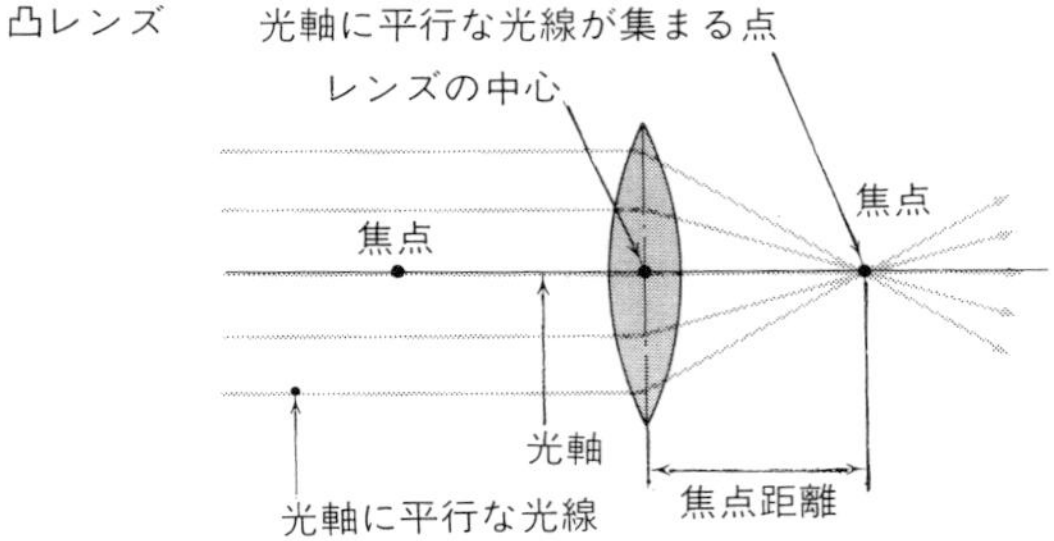

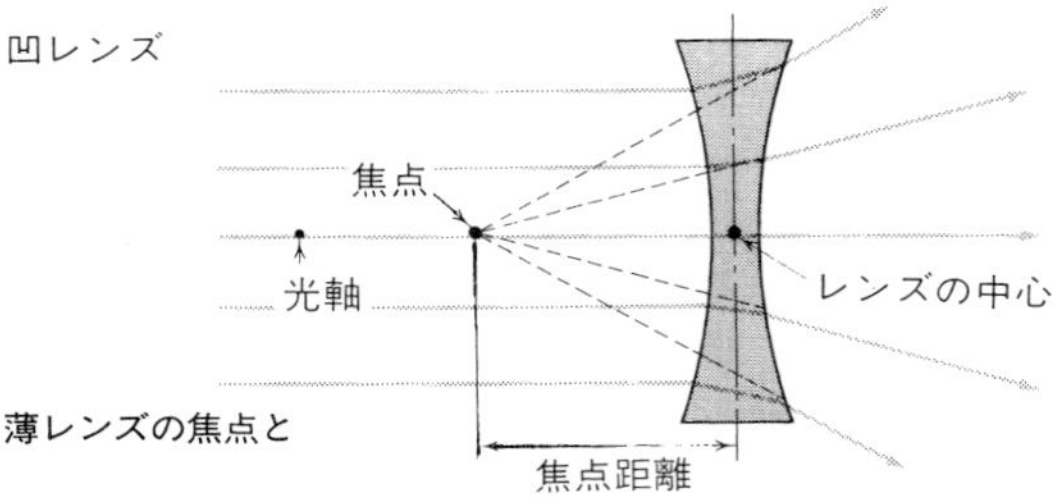

▲図 95　薄レンズの焦点と焦点距離

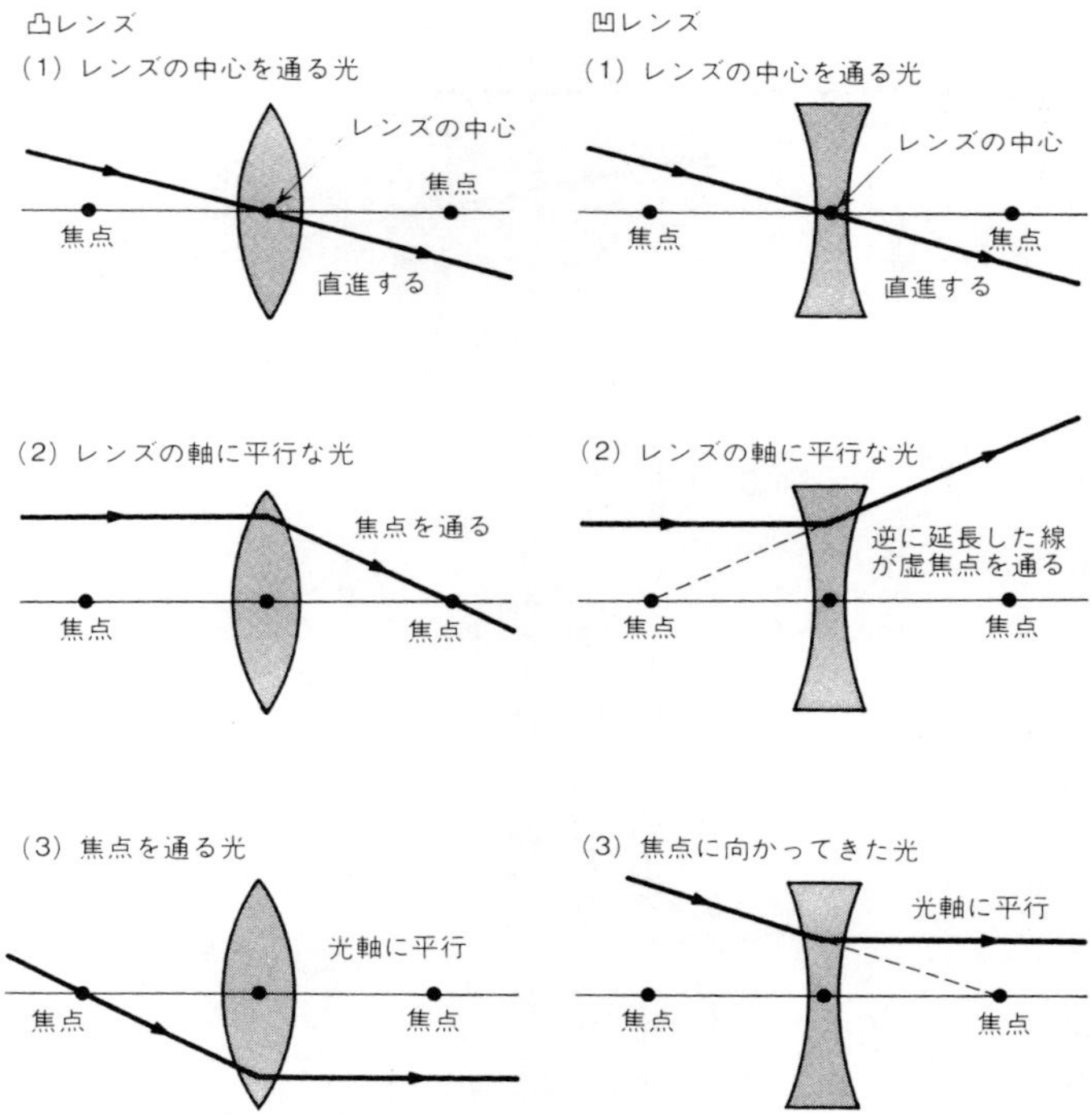
凸レンズ
(1) レンズの中心を通る光
レンズの中心
焦点
焦点
直進する
(2) レンズの軸に平行な光
焦点を通る
焦点
焦点
(3) 焦点を通る光
光軸に平行
焦点
焦点
凹レンズ
(1) レンズの中心を通る光
レンズの中心
焦点
焦点
直進する
(2) レンズの軸に平行な光
逆に延長した線
が虚焦点を通る
焦点
焦点
(3) 焦点に向かってきた光
光軸に平行
焦点
焦点

▲図 96　薄レンズの性質

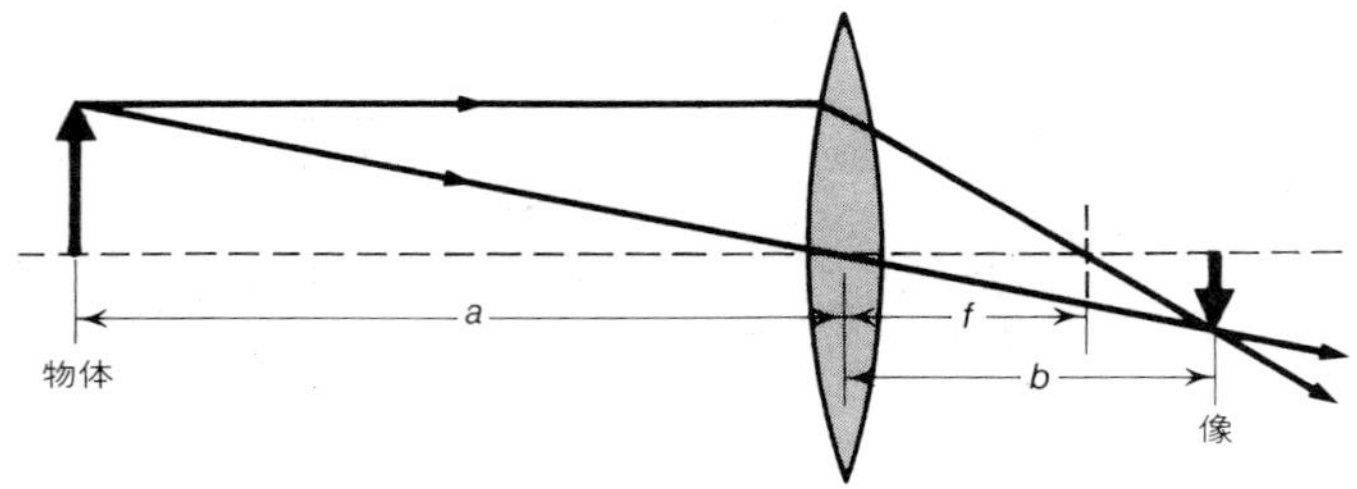

▲図 97　薄レンズによる物体の像

光軸近傍の物点から出た光線は、光軸近傍の像点に集まる。無限遠の物点から出た光線が集まる点は焦点とよばれる（図95）。一個のレンズあるいは多数のレンズを組み合わせることによって物体の拡大像や縮小像を得ることができる。

薄レンズで光線がどのように屈折されるかを図96に示す。これを用いて物体から出た光線が、どのような像をつくるかを作図することができる。簡単な例を図97に示す。

一個のレンズでは、一点から出た光線を厳密には一点に集束させることはできない。また、色の異なる光は異なる点に集束する。実際の光学機器などでは、これらの収差を除き、光の波動性による限界に近い小さな点に集束させるために、形や屈折率の異なる多くのレンズを組み合わせているものが多い。

参考文献

（1）霜田光一：物理教育 **39**(**2**), 80 (1991).
（2）朝永振一郎：鏡の中の物理学、講談社学術文庫（一九七六）。
（3）押田勇雄：太陽エネルギー、生産技術センター（一九七五）。
（4）L. D. Landau and E. M. Lifshitz : *Electrodynamics of Continuous Media*,

Pergamon Press (1960) §62.
[邦訳書：電磁気学2、東京図書（一九六五）六二節]
（5） 杉本大一郎：いまさらエントロピー？（パリティ編集委員会編）、丸善（一九九〇）一五ページ。

登場人物のプロフィール

アインシュタイン（Albert Einstein, 1879. 3. 14～1955. 4. 18）【5章】

相対論はあまりにも有名で、二〇世紀最大の物理学者といわれる。量子論の発展にも大いに寄与したが、確率的解釈に不満を感じ「神がサイコロをもてあそぶはずがない」という信念を変えなかった。

アップルトン（Sir Edward Victor Appleton, 1892. 9. 6～1965. 4. 21）【10章】

宇宙時代の幕開けともいわれる地球観測年（一九五七～一九五八年）で、国際電波科学連合代表として活躍した。

アトラス（Ἄτλας）【4章】

ギリシャの巨人神。オリンポスの神々との争いに敗れ、罰として、世界の西の果てで天空を支える苦業を課される。

アラゴー（Dominique François Jean Arago, 1786. 2. 26～1853. 10. 2）【5章】

フランスの物理学者。回転円板の現象の発見は、翌一八二五年ロンドン王立協会から賞を受けた。

アルキメデス（Ἀρχιμήδης, 前287頃～前212頃）【2章】

アーンショウ（Samuel Earnshaw, 1805～1888）【3

章】

定理の発表は一八三九年。

アンペール（André Marie Ampère, 1775. 1. 30～1836. 6. 10）【4、7章】

閉じた電流は磁石と同じようにふるまうことを見いだし、磁石の分子電流説を発表した（一八二三年）。電磁現象の数学的定式化を行い、遠隔作用の立場からの電気力学を提唱した（一八二七年）。

ウーレンベック（George Eugene Uhlenbeck, 1900. 12. 6～1988. 10. 31）【4章】

ギリシャ語とラテン語を習っていなかったので、大学進学を諦めていたが、一九一九年に法律が変わりライデン大学に入学を許可された。スピンの概念は一九二五年に導入した。

エリザベス一世（Elizabeth I, 1533. 9. 7～1603. 3. 24）【1章】

エルステッド（Hans Christian Ørsted, 1777. 8. 14～1851. 3. 9）【4章】

オーム（Georg Simon Ohm, 1789. 3. 16～1854. 7. 7）【7章】

オームの法則は一八二六年にまとめられた。電流が電圧に比例することは、1、2章で触れたキャベンディッシュがすでに一七八一年に発見していた。

ガイガー（Hans Wilhelm Geiger, 1882. 9. 30～1945. 9. 24）【3章】

一九二八年ガイガー計数管を発明、翌年宇宙線シャワーを発見した。

ガウス（Carl Friedrich Gauss, 1777. 4. 30～1855. 2. 23）【2章】

ガリレイ（Galileo Galilei, 1564. 2. 15～1642. 1. 8）【8章】

数量的な自然観の樹立のために多大の貢献を行い、近代科学の父と呼ばれる。聖書に基づいた天動説を採るキリスト教会の公式見解を非難したため、一六三三年に宗教裁判にかけられ、地動説を撤回するとの宣誓書を提出させられた。両者の和解をめざすローマ法王ヨハネ・パウロ二世は十年前、同裁判の調査委員会を任命し、ついに、一九八九年九月二三日ガリレイの生地ピサを訪ね、「ガリレイを迫害したのは間違いだった」と公式に教会の誤りを認めた。四世紀にわたる科学と信仰の相克に終止符を打った。

川本幸民（1810～1871. 7. 18）【3章】

薩摩藩主島津斉彬の師。「化学」という用語は、幸民が最初に使い始めたと言われている。

キャベンディッシュ（Henry Cavendish, 1731. 10. 10～1810. 2. 24）【1、2章】

ギルバート（William Gilbert, 1544. 5. 24～1603. 11. 30）【1、4章】

磁石についての著書は一六〇〇年に出版された。

キルヒホフ（Gustav Robert Kirchhoff, 1824. 3. 12～1887. 10. 17）【7章】

一八四六年に提出した電気回路に関するキルヒホフの法則は学位論文である。数多くのキルヒホフの法則がある。光と熱の放射の理論的研究は、前期量子論へと発展する。

クーロン（Charles Augustin de Coulomb, 1736. 6. 14～1806. 8. 23）【1、2章】

グルーナー（Paul Gruner, 1869. 1. 13～1957. 12. 11）【3章】

コリオリ（Gaspard Gustave de Coriolis, 1792. 5. 21～1843. 9. 17）【11章】

力と変位の積に仕事という術語を与え、運動エネルギーは質量と速度の二乗との積ではなく、その二分の一にすべきことを指摘したことなど、エネルギー概念の確立過程で重要な貢献をした。また、回転座標系で、速度に依存する見かけの力が存在することを示した。

コロンブス（Christoforo Colombo, 1451～1506. 5. 20）【4章】

サバール（Félix Savart, 1791. 6. 30～1841. 3. 16）【4章】

ジュール（James Prescott Joule, 1818. 12. 24～1889. 10. 11）【7章】

電流の熱作用は一八四〇年に発見された。

ストーニー（George Johnstone Stoney, 1826. 2. 15～1911. 7. 5）【1章】

スネル（Willebrord Snell, 1580～1626. 10. 30）【12章】

多年にわたる実験と、先人たちの著作の研究を通して、光の屈折に関するスネルの法則を発見（一六二一年ころと推定されている）した。

タム（Игорь Евгеньевич Тамм, 1895. 7. 8～1971. 4. 12）【10章】

核融合研究の草分けの一人。

タレス（Θαλῆς, 紀元前640頃～546）【1章】

古代ギリシャ人は名字をもたないので、タレスは姓ではなく名前である。

チェレンコフ（Павел Алексеевич Черенков, 1904. 7. 28～　）【10章】

デバイ (Peter Joseph William Debye, 1884. 3. 24~1966. 11. 2)【10章】
固体比熱の量子論、強電解質の理論など、業績は多岐にわたる。一九三六年には、分子の双極子モーメントおよびX線・電子線回折の研究による分子構造の解明への貢献によりノーベル化学賞を受けた。

トムソン (Sir Joseph John Thomson, 1856. 12. 18~1940. 8. 30)【1、3章】
一八九七年からの気体の電気伝導の研究で電子を発見し、一九〇六年のノーベル物理学賞を受けた。

長岡半太郎 (1865. 8. 15~1950. 12. 11)【3章】
肥前大村藩士［現長崎県］長岡治三郎の長男として生まれる。父は大村勤王派の中心人物の一人、東京府師範学校長などを歴任、一八七一年には欧米視察に出ている。半太郎は、東京大学卒業後、東京大学教授、大阪大学初代総長、学士院院長などを歴任、長い間日本の実験物理、数理物理、地球物理、原子核物理など広範な分野を指導した功績は大きい。一九三七年第一回文化勲章受賞。

ニュートン (Sir Isaac Newton, 1643. 1. 4~1727. 3. 31)【1、2章】

ノーベル (Alfred Bernhard Nobel, 1833. 10. 21~1896. 12. 10)【3章】
ダイナマイトの発明とその企業化により巨万の富を築いた。二〇世紀を代表する学術賞であるノーベル賞は、その遺言による。第一回の授賞は一九〇一年に行われた。一九六九年からは新たに経済学賞が制定された。

ビオ (Jean Baptiste Biot, 1774. 4. 21~1862. 2. 3)【4章】

ファインマン (Richard Phillips Feynman, 1918. 5. 11~1988. 2. 15)【7章】
量子電気力学への寄与に対して、一九六五年朝永振一郎らとともにノーベル物理学賞を受賞。

ファラデー (Michael Faraday, 1791. 9. 22~1867. 8. 25)【2、5章】
イギリスの物理学者・化学者。正規の教育は受けず、優れた直観と洞察力によって真理を嗅ぎ付けた。数学的素養を欠いていたことは、電磁気学の発展にとって幸運なことであった。

フェルマ (Pierre de Fermat, 1601. 8. 17~1665. 1. 12)【12章】
フェルマの原理に見られる極値の計算は、微積分や変分原理の先駆とも見られる。他に重心を発見、確率や組合せ論の研究もある。

フーコー (Jean Bernard Léon Foucault, 1819. 9. 18～1868. 2. 11)【12章】

一八五〇年、空気中の光速の方が水中の光速より速いという結果を得た。単振子の振動面の回転を確認（一八五一年）、ジャイロスコープの考案（一八五二年）、渦電流の発見（一八五五年）、その他、彼の手になる発明・改良は多い。

フランク (Илья Михайлович Франк, 1908. 10. 23～)【10章】

プランク (Max Karl Ernst Ludwig Planck, 1858. 4. 23～1947. 10. 4)【4、8章】

熱力学の第二法則を明確化し、熱力学、量子論、相対論などにわたって研究生活を続けた。エネルギー量子の発見によって一九一八年ノーベル物理学賞受賞。プランク定数は、熱放射のスペクトルを説明するために一九〇〇年に導入された。

プリーストリー (Joseph Priestley, 1733. 3. 13～1804. 2. 6)【1章】

ヘラクレス (Ἡρακλέης)【4章】

ギリシャ伝説における怪力無双の英雄。

ヘルツ (Heinrich Rudolph Hertz, 1857. 2. 22～1894. 1. 1)【8章】

電磁波の存在を確認し、伝搬速度、直進性、反射、屈折、偏向性を調べ、電磁波が光や熱放射と全く同一の性質をもつことを余すところなく示して、マクスウェルの理論を確かなものにした。

ベルヌーイ (Daniel Bernoulli, 1700. 2. 7～1782. 3. 17)【1章】

ヘロン (ギリシャ文字の綴字は残されていない。ラテン語の文献およびギリシャの人名などから推定すると῞Ηρων ではないかと思われる。生没年不詳、紀元六二年に活躍していたことだけは確かである。)【12章】

測量術、照準儀、気体学、機械学、反射光学など多くの著書が残されている。三角形の面積に関するヘロンの公式は、よく知られているが、ヘロン自身の発見ではないらしい。

ヘンリー (Joseph Henry, 1797. 12. 17～1878. 5. 13)【7章】

幼時に父を失い、十分な教育は受けられなかった。一八三〇年、電流回路のスイッチを切るとき、火花が飛ぶのを認め、コイルによる電流の自己誘導であることを発見した。ファラデーによる電磁誘導の発見の前年である。一八三二年プリンストン大学教授、一八四八年にはスミソニアン研究所の初代所長に迎えられた。

ヘンリー (William Henry, 1775. 12. 12〜1836. 9. 2)【7章】

液体に溶け込む気体の量は、それと熱平衡にある気相の溶質気体の圧力に比例する。一八〇三年に発見された。

ボーア (Niels Henrik David Bohr, 1885. 10. 7〜1962. 11. 18)【3章】

原子構造とその放射系列の解明によって一九二二年にノーベル物理学賞を受けた。

ポアンカレ (Jules Henri Poincare, 1854. 4. 29〜1912. 7. 17)【3章】

ホイヘンス (Christian Huygens, 1629. 4. 14〜1695. 6. 8)【12章】

望遠鏡を改良し、土星の環を発見(一六五五年)、振り子時計の発明(一六五六年)、完全弾性衝突の法則(一六六九年)、サイクロイド振り子・実体振り子の研究(一六七三年)、光の波動説に基づき反射・屈折の現象を解明(一六七八年)。

ボイル (Robert Boyle, 1627. 1. 25〜1691. 12. 30)【7章】

定温での圧力と体積の反比例性は一六六〇年に発見された。

ホルス (Horus)【4章】

エジプトの天空神。タカの頭を持ち、右目は太陽、左目は月であったとされる。神話によると、戦闘中に左目を傷つけられたため、月の満ち欠けが起こるようになったといわれる。

ボルタ (Alessandro Giuseppe Antonio Anastasio Volta, 1745. 2. 18〜1827. 3. 5)【7章】

蓄電器の製作、検電器の創製(一七八二年)、定常電流を得る装置の考案(一八〇〇年)。電気学時代の幕を開いた。

ボルツマン (Ludwig Eduard Boltzmann, 1844. 2. 20〜1906. 9. 5)【3章】

マクスウェル (James Clerk Maxwell, 1831. 6. 13〜1879. 10. 5)【1、6章】

古典電磁気学の法則をまとめたイギリスの物理学者。基礎方程式が、ほぼ現在の形式にまとめられたのは一八六五年の論文によるとされている。統計力学に関する貢献も大きい。

マーゼン (Sir Ernest Marsden, 1889. 2. 19〜1970. 12. 15)【3章】

ミリカン (Robert Andrews Millikan, 1868. 3. 2〜

1953. 12. 19)【1、8章】

プランク定数の値（一九一六年）および電気素量（一九一二年）の決定によって、一九二三年のノーベル物理学賞を受けた。

メルカトル（Gerardus Mercator, 1512. 3. 5～1594. 12. 2)【4章】

メルカトル図法は一五六九年に発表された。地図帳の装飾に巨人神アトラスが用いられたので、後に地図帳をアトラスというようになった。

メンデレーエフ（Дмитрий Иванович Менделеев, 1834. 2. 8～1907. 2. 2)【3章】

周期表を一八六九年に発表し、三種の未発見元素を予言した。

ラザフォード（Sir Ernest Rutherford, 1871. 8. 30～1937. 10. 19)【1、3章】

元素の崩壊と放射性物質に関する研究によって一九〇八年ノーベル化学賞を受けた。

ロゲルギスト（Logergist)【2章】

計測と制御の問題を中心に集まった七人の物理学者のグループ名。名前の由来は、logos と ergon つまり『情報とエネルギー』の側面から物理現象を見直そうとするところにある。

ローレンツ（Hendrik Antoon Lorentz, 1853. 7. 18～1928. 2. 4)【8章】

電磁場と物質とを電磁的相互作用（ローレンツ力）によって関連づけた。一九〇二年ノーベル物理学賞受賞。地球の運動が電磁的あるいは光学的現象に及ぼす効果が観測にかからぬことをマクスウェル方程式に基づいて説明し（一九〇四年）、特殊相対性理論の直接的先駆となった。

あとがき

本書は、月刊誌『パリティ』に一九九一年四月から一年間、連載された講座をまとめたものである。連載中は毎月一定量の原稿を書くことに大変な重圧を受けた。原稿を投函した途端に次の締め切りが迫って来る感じであった。日刊紙に小説やマンガを連載しておられる方々には、この三十倍も大きな圧力がかかっているのではあるまいか。

振り返れば、数式を使わずに、電磁現象を説明することが如何に難しいかを思い知らされた一年間であった。数式の代わりに図を多く使うよう心掛けたが、電磁場は目に見えないので、正しく現象を表しているかどうか心もとない。また、すべての現象は三次元空間で生じるので、立体感や遠近感を出すため、二、三の立体図を用いた。立体図を立体視するには多少の練習を要するので、周りの友人たちの評判は芳しくなかった。ところが、最近、ランダムドットステレオグラム（乱打点立体図）で描かれた本がベストセラーになり、類似の本が続々と出版されている。このことは、このような砂粒を撒き散らしたような図を、たいていの人が立体視できるということを示している。さっそく買い求めて手当たり次第に周りの友人や学生に見せたが、ほとんどの者は即座に立体視できた。このような本のお陰で立体図に興味をもつ者が増え立体視が日常茶飯事になれば、立体図を利用しても拒否反応は起こらなくなるであろう。本講座でも、もっと立体図を多用しておくべきであった。

ふつう、立体的な物は、紙面の二次元平面への射影だけが印刷できる。黒板に描く図も二次元平面への射影である。射影から三次元物体を想像するよりも、立体図を立体視するほうが断然よい。射影から三次元立体を想像できない者もいる。したがって、射影だけでは、著者が考えている三次元図形が読者に正しく伝わるとは限らない。その証拠に、次のような小話が伝えられている。「初めて試験管の実物を見た学生が『試験管とは、U字型の針金ではないのですね。』と感嘆の声をあげた。」

数式を用いないで電磁気学を語るのは難しいが、数式を用いても易しくはない。電磁場の基礎方程式が提出されて百年以上も経っているが、未だに基礎方程式と矛盾する結論を導いた論文が投稿されてくる。このような場合、基礎方程式と矛盾する箇所を具体的に指摘するのは極めて困難である。簡単に指摘できるくらいなら、著者自身が気付いて、投稿を諦めるであろう。本講座の連載中も、いくつかの反論が直接間接に寄せられた。いずれも数式を駆使した堂々たる論文の体裁をなしていた。その誤りを指摘するために、かなりの時間を費やしたが、講座に関心をもって戴けたことは有り難いことである。本書によって、さらに多くの読者が電磁気学に興味をもって戴ければ幸いである。
連載中コメントを寄せて下さった多くの読者や先輩の皆様、ギリシャ語や古い文献を教えて下さった友人諸氏、執筆の時間を融通して下さった同僚諸兄、および関心をもって下さった多くの方々に感謝いたします。

一九九三年五月

青野　修

著者の略歴

青野　修（あおの・おさむ）

自治医科大学名誉教授。理学博士。1964年東京大学大学院数物系研究科物理学専門博士課程修了。同大学理学部物理学教室助手，自治医科大学教授等を経て，2002年定年退職。その間，特定非営利活動法人学術研究ネットを設立，理事長に就任。おもな研究分野はプラズマ物理，生物物理学。著書は『電磁気学の単位系』（丸善出版）など。

［新装復刊］

パリティブックス　いまさら電磁気学？

平成 29 年 11 月 20 日　発　行

著作者　青　野　　修

発行者　池　田　和　博

発行所　丸善出版株式会社

〒101-0051 東京都千代田区神田神保町二丁目17番
編集：電話(03)3512-3267／FAX(03)3512-3272
営業：電話(03)3512-3256／FAX(03)3512-3270
http://pub.maruzen.co.jp/

組版印刷・製本／藤原印刷株式会社

ISBN 978-4-621-30209-5　C 3342　Printed in Japan

『パリティブックス』発刊にあたって

『パリティ』とは、我が国で唯一の、物理科学雑誌の名前です。この雑誌は一九八六年に発刊され、高エネルギー（素粒子）物理、固体物理、原子分子・プラズマ物理、宇宙・天文物理、地球物理、生物物理などの広範な分野の物理科学をわかりやすく紹介した解説・評論記事、最新情報を速報したニュース記事を主体とし、さらにそれらの内容を掘り下げたクローズアップ、科学史、科学エッセイ、科学教育などに関する話題で構成されています。

この『パリティブックス』は、『パリティ』誌に掲載された科学史、科学エッセイ、科学教育に関する内容などを、精選・再編集した新しいシリーズです。本シリーズによって、誰でも気楽に物理科学の世界を散歩できるようになることと思います。

また、本シリーズには、新たに「パリティ編集委員会」の編集によるオリジナルテーマも随時追加されていきます。電車やベッドのなかでも気楽に読める本として、皆さまに可愛がっていただければ嬉しく思います。

ご意見や、今後とりあげるべきテーマに対するご要望などがあれば、どしどし編集委員会までお寄せください。

『パリティ』編集長　大槻義彦